看视频零基础学电工

张校珩 主 编
安俊芳 杜力平 肖玉玲 副主编

·北京·

内容简介

本书采用彩色图解形式，结合电工岗位的工作要求和初学者自学需要，全面介绍了电工必备的各项知识和技能。主要包括电工工具仪表使用、电路识图等电工基础知识，电动机与变压器应用与检修，PLC、变频器应用，照明及室内配线、电工常用操作技能与检修实战等电工技能。书中电路接线、电工操作还有高清视频教学讲解，帮助初学者轻松入门，并快速精通成为电工高手。

本书可供电工/维修电工相关人员和初学者自学，也可供职业院校相关专业师生教学参考，还可以供有关单位培训学习。

图书在版编目（CIP）数据

看视频零基础学电工/张校珩主编. —北京：化学工业出版社，2021.2（2021.8重印）

ISBN 978-7-122-38164-4

Ⅰ.①看…　Ⅱ.①张…　Ⅲ.①电工技术　Ⅳ.①TM

中国版本图书馆CIP数据核字（2020）第243300号

责任编辑：刘丽宏　　文字编辑：林　丹　师明远

责任校对：宋　玮　　装帧设计：刘丽华

出版发行：化学工业出版社（北京市东城区青年湖南街13号　邮政编码100011）

印　　装：北京瑞禾彩色印刷有限公司

710mm×1000mm　1/16　印张11½　字数228千字　2021年8月北京第1版第2次印刷

购书咨询：010-64518888　　售后服务：010-64518899

网　　址：http：//www.cip.com.cn

凡购买本书，如有缺损质量问题，本社销售中心负责调换。

定　　价：58.00元

前言

随着社会整体电气自动化水平的提升，用电设备不断增加，电工从业人员的队伍也日益壮大。对于电工初学者或入行不久的电工在职人员来说，要成为一名合格的电工，需要先从电工基础知识和基本技能学起，然后逐步深入、提高、精通相关技能。为了解决电工初学者、自学人员不知道从哪开始学、学什么、怎样胜任电工工作岗位等问题，编写了本书。

本书结合编者多年实践和培训经验，提炼电工知识点，由浅入深，图文并茂，全面介绍电工从识图、仪表使用、电机检修到布线、接线、线路检修、PLC、变频器应用等电工日常必知的基础知识和操作技能，以及电气设备、部件拆装、维修等经验技能，帮助读者自学入门并成为电工高手。

本书内容具有以下特点：

- **电工基础知识和技能介绍全面：**既有基础，又有操作演练，涵盖电工应知应会的各项知识与技能。
- **全彩图解：**对电路图、接线图、电气设备等采用彩图体现，图文并茂，可读性强。
- **高清视频演示：**电工操作和技能可以通过高清视频详细学习，零基础也能掌握。

本书可供电工 / 维修电工相关人员和初学者自学，也可供职业院校相关专业师生教学参考，还可以供有关单位培训学习。读者在阅读本书时，如有问题请发邮件到 bh268@163.com，我们会尽快回复。

本书由张校珩主编，安俊芳、杜力平、肖玉玲副主编，参加本书编写的还有张振文、赵书芬、王桂英、曹祥、张胤涵、焦凤敏、张伯龙、曹振华、张校铭等，全书由张伯虎统稿。

由于编者水平有限，书中不足之处难免，恳请广大读者与同行不吝指教（欢迎关注下方二维码交流）。

编　者

目录

电工常用工具使用技巧

第二章

低压电气部件及检测

照明电路及检修

第四章

常用配电线路识读

第五章

电动机控制电路、接线与检修

第六章

变频器、PLC及组合应用控制电路

第七章

电工实用典型控制电路

视频讲解目录

第一章

电工常用工具使用技巧

一 万用表的正确使用（图1-1～图1-3）

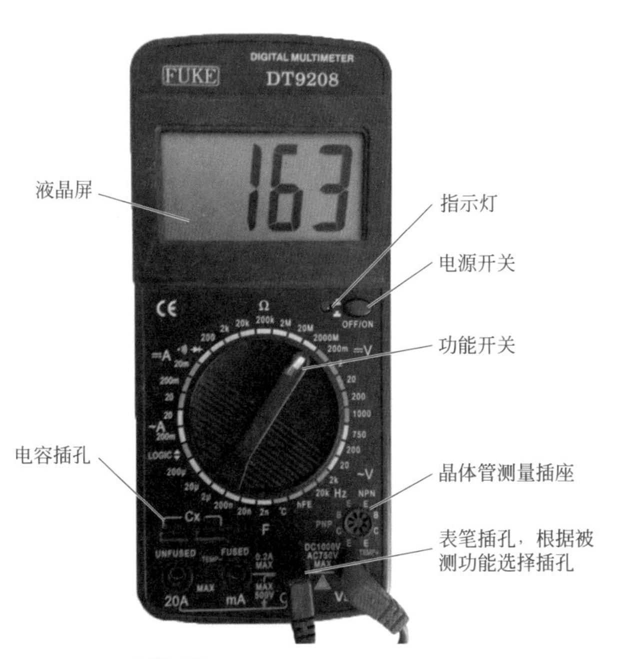

图1-1　DT9208型数字式万用表

数字万用表的使用

指针万用表的使用

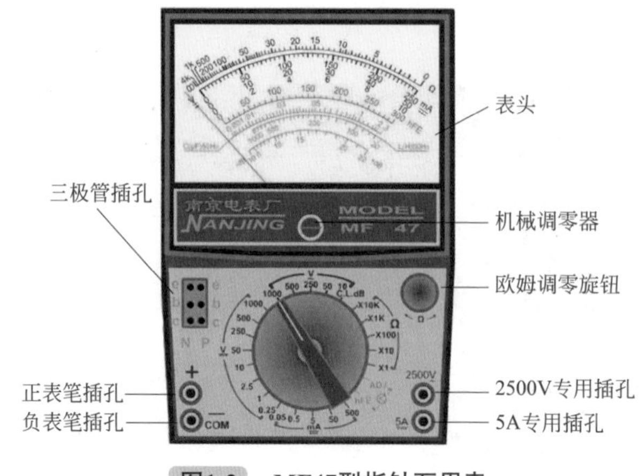

图1-2　MF47型指针万用表

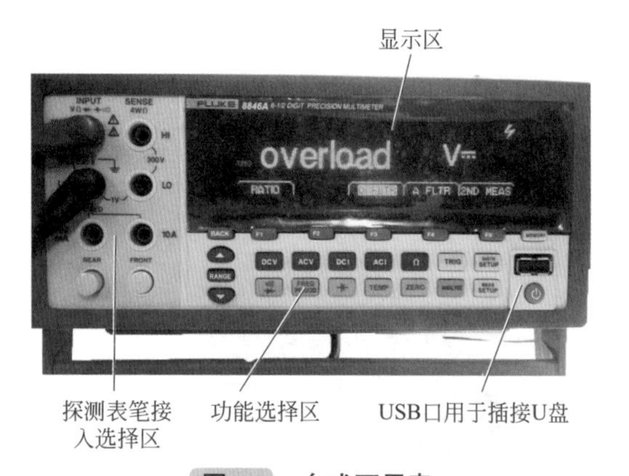

图1-3　台式万用表

二　万用表测电压

1.万用表测直流电压（图1-4）

① 选择挡位。将万用表的红黑表笔连接到万用表的表笔插孔中，并将功能旋钮调整至直流电压挡。

② 选择量程。由于电路中电源电压只有3V，故选用10V挡，若不清楚电压大小，应先用最高电压挡测量，逐渐换用低电压挡。

③ 测量方法。万用表与被测电路并联。红表笔应接被测电路和电源正极相接处，黑表笔应接被测电路和电源负极相接处。

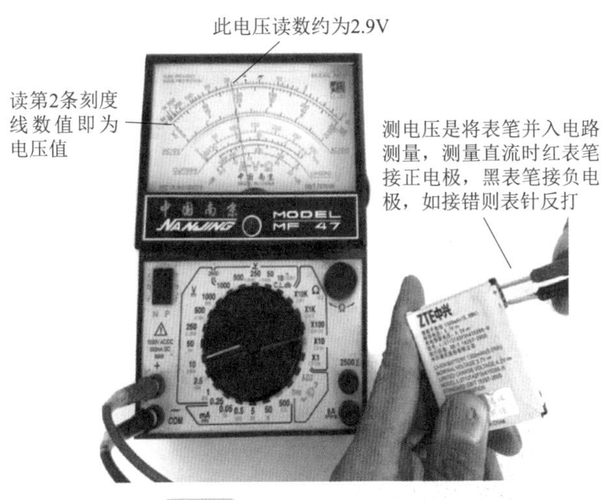

图1-4　万用表测直流电压

2.万用表测交流电压（图1-5和图1-6）

① 表笔插孔与直流电压的测量一样，不过应该将旋钮打到交流挡“V”处所需的量程即可。

② 交流电压无正负之分，测量方法跟前面相同。

说 明　① 无论测交流还是直流电压，都要注意人身安全，不要随便用手触表笔的金属部分。

② “⚠”表示不要输入高于 700Vrms（有效值）的电压，显示更高的电压值是可能的，但有损坏内部线路的危险。

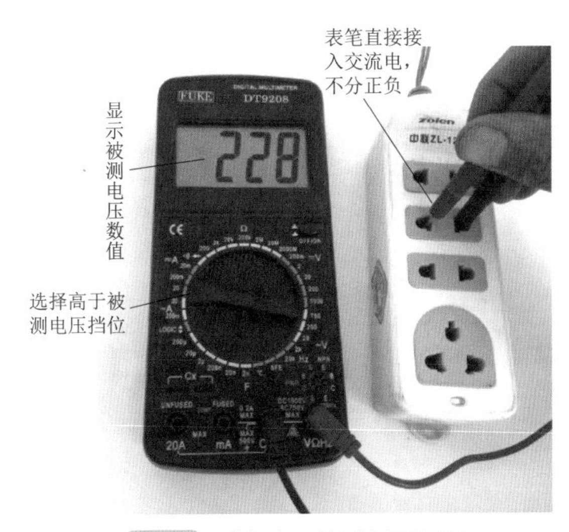

图1-5　选择高于被测电压挡位

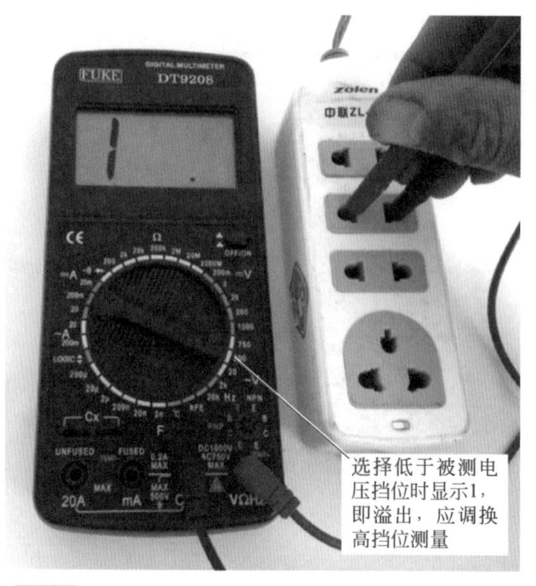

图1-6 选择低于被测电压挡位时显示1，即溢出

三 万用表测电流

1. 测量直流电流（图1-7）

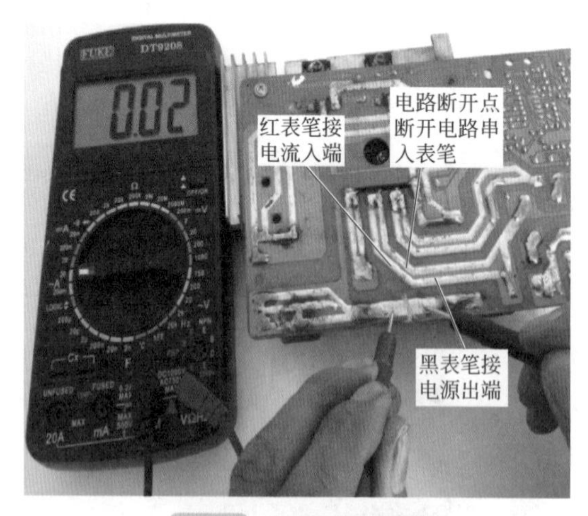

图1-7 测量直流电流

① 断开电路。

② 黑表笔插入 COM 端口，红表笔插入 mA 或者 20A 端口。

③ 功能旋转开关打至 A–（直流），并选择合适的量程。

④ 断开被测线路，将数字万用表串联入被测线路中，被测线路中电流从一端流入红表笔，经万用表黑表笔流出，再流入被测线路中。

⑤ 接通电路。

⑥ 读出 LCD 显示屏数字。

说明 ① 估计电路中电流的大小。若测量大于 200mA 的电流，则要将红表笔插入“10A”插孔并将旋钮打到直流“10A”挡，若测量小于 200mA 的电流，则将红表笔插入“200mA”插孔，将旋钮打到直流 200mA 内的合适量程。如果使用前不知道被测电流范围，将功能开关置于最大量程并逐渐下降。

② 将万用表串进电路中，保持稳定，即可读数。若显示为“1.”，那么就要加大量程；如果在数值左边出现“–”，则表明电流从黑表笔流进万用表。

③“⚠”表示最大输入电流为 200mA，过量的电流将烧坏保险丝，应再更换，20A 量程无保险丝保护，测量时不能超过 15s。

---

2. 测量交流电流

测量方法与测量直流电流相同，不过挡位应该打到交流挡位 A–。

注意 电流测量完毕后应将红表笔插回“VΩ”孔，若忘记这一步而直接测电压，会导致万用表烧毁！

四 万用表测电阻（图1-8、图1-9）

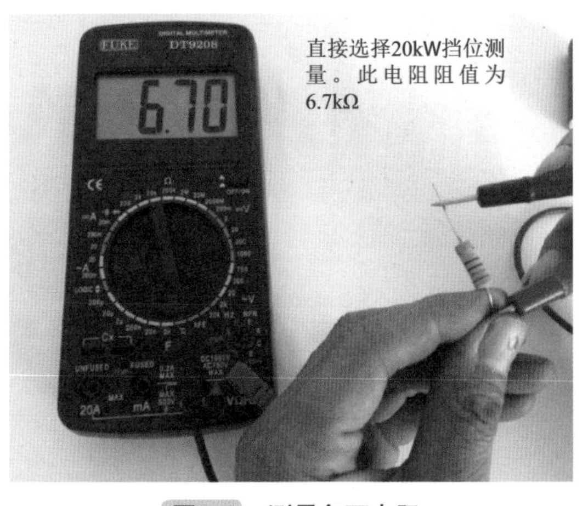

图1-8 测量色环电阻

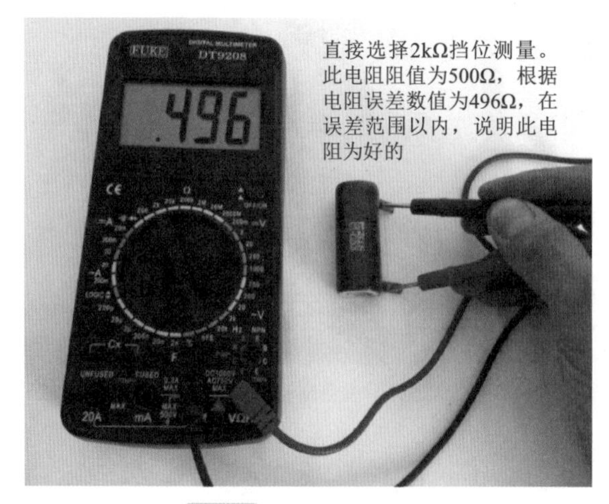

图1-9 测量线绕电阻

① 将黑表笔插入 COM 插孔，红表笔插入 V/Ω 插孔。

② 将功能开关置于 Ω 量程，将测试表笔连接到待测电阻上。

③ 分别用红黑表笔接到电阻两端金属部分。

④ 读出显示屏上显示的数据。

五 电路通断的判断（图1-10）

将表挡位置于蜂鸣挡（多数和二极管挡位共用），用表笔直接测量被测电路。如电路通，蜂鸣器发出声音，同时指示灯亮；如无声音，指示灯不亮，说明电路不通。用此方法可查电路短路、断路。

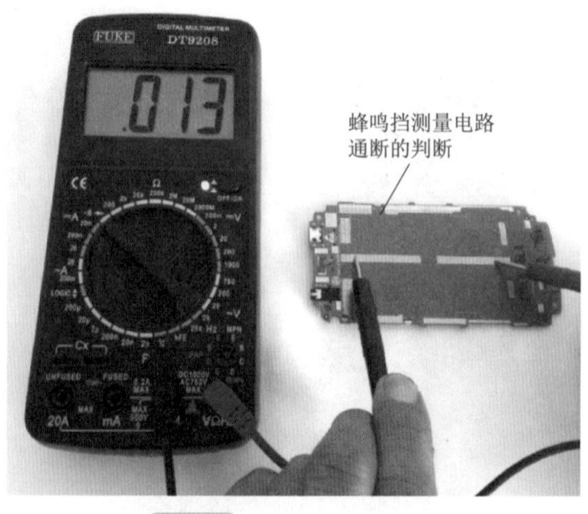

图1-10 电路通断的判断

六 万用表测电容（图1-11）

① 将电容两端短接，对电容进行放电，确保数字万用表的安全。

② 将功能旋转开关打至电容“F”测量挡，并选择合适的量程。

③ 将电容插入万用表 CX 插孔。

④ 读出 LCD 显示屏上的数字。

说明 ① 测量前电容需要放电，否则容易损坏万用表。

② 测量后也要放电，避免埋下安全隐患。

③ 仪器本身已对电容挡设置了保护，故在电容测试过程中不用考虑极性及电容充放电等情况。

④ 测量电容时，将电容插入专用的电容测试座中（不要插入表笔插孔 COM、V/Ω）。

⑤ 测量大电容时稳定读数需要一定的时间。

图1-11 测量电容

七 万用表区分零线和火线

1. 接触式测量（图1-12）

数字式万用表电压挡具有高达 10MΩ 的输入阻抗，更适合用来判别市电的相线与零线。判别方法是：选择数字式万用表的交流电压 200V 或 700V 挡，一手紧握黑表笔线（不要接触表笔的金属部分），用红表笔笔尖依次碰触电源插座上的两个插孔（或两根电线的裸露处），其中显示值较大的一次所触碰的是火线，另一次所触碰的则是零线。

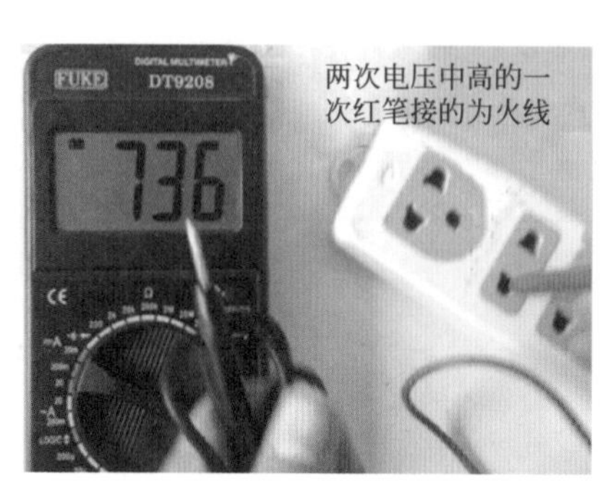

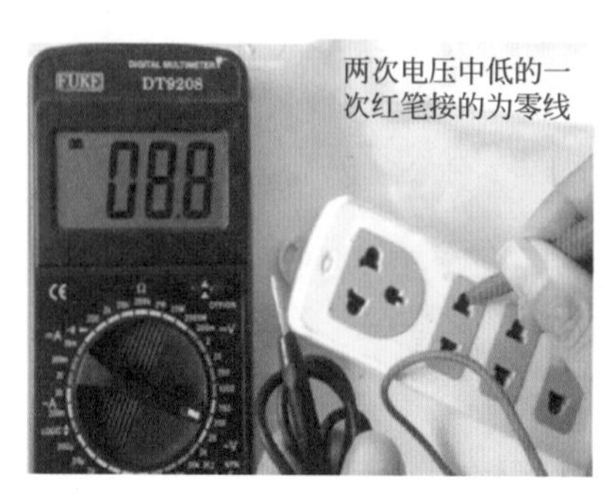

图1-12 使用数字式万用表判断

2. 非接触式测量（图1-13）

非接触式测量使用数字表和指针表均可，但使用数字表更为直观。具体方法是：

① 将数字式万用表的转换开关旋转到 20V 交流电压挡，红表笔接入“V/Ω”插孔，黑表笔悬空或拔下。

② 将万用表的红表笔（正极性）依次碰触两根导线的外皮，其中读数较大的一次便是相线。在碰触时，由于表笔不直接接触导线的芯线，其读数完全是感应出来的电压，此电压比较微弱。

例如，采用 DT9801 型数字式万用表，将转换开关旋转至 20V 交流电压（ACV）挡，在通电线路的两根塑料导线中，判断哪一根是相线。

具体做法：先把两根导线被测端分开 2 ～ 3cm，红表笔笔尖再去接触另一根导线外皮，其显示值为 3.9V。据此可判断出测得电压为 3.9V 的导线是相线，而测得电压较低的导线是中性线。

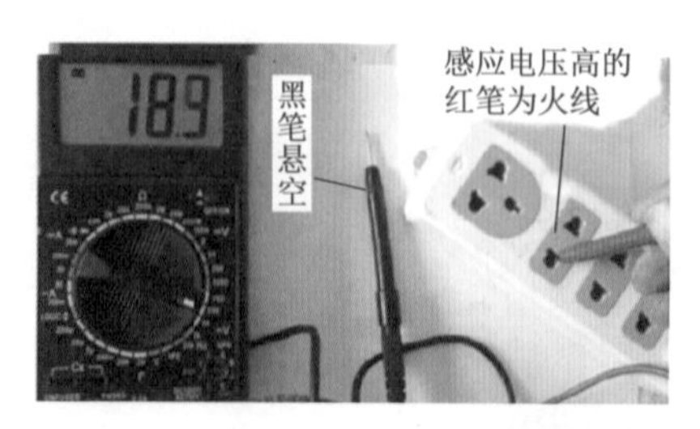

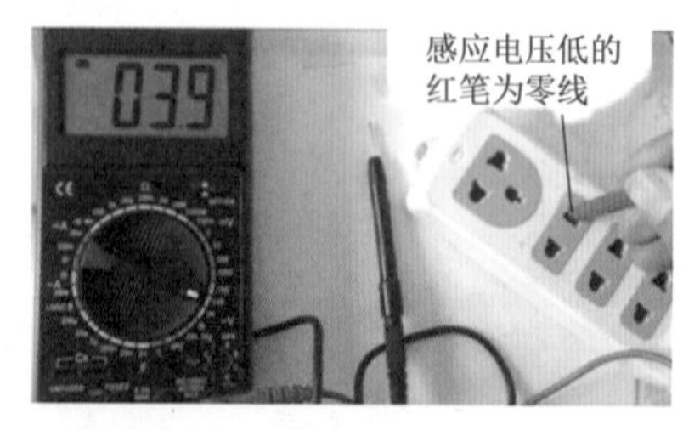

图1-13 非接触式测量

八　万用表测量接地漏电（图1-14）

我国的安全电压等级为：42V、36V、24V、12V 和 6V。在一定的条件下，当超过安全电压规定值时，应视为危险电压。

电气设备在长期运行使用中，由于发热、过载等原因有可能造成设备的绝缘下降，发生漏电现象，使设备的外壳带电。设备外壳对地电压一旦超过安全电压，很容易发生人身触电事故。因此，必须对设备进行定期或不定期检查。导致电气设备外壳带电的原因主要有：电气设备接线错误、设备的绝缘下降、保护接地线接触不良或断路等。

用数字万用表 ACV 挡判别电气设备金属外壳是否带电的方法：

将数字万用表的量程拨在交流 200V 挡，将黑表笔拔下，红表笔插在 V/Ω 插孔，并将红表笔接在设备的金属外壳上，此时若显示值为零，说明被测设备外壳不带电。如果显示值在 15V 以上，表明设备外壳已有不同程度的漏电现象。如果显示值比较小（≤ 15V），可将黑表笔插入 COM 插孔，并将其测试线在左手的四个指头上绕三匝以上。注意手不要触及黑表笔，然后再用右手持红表笔去测试设备的金属外壳，若这时表上读数明显增大到 15V 以上，说明设备外壳已带电。

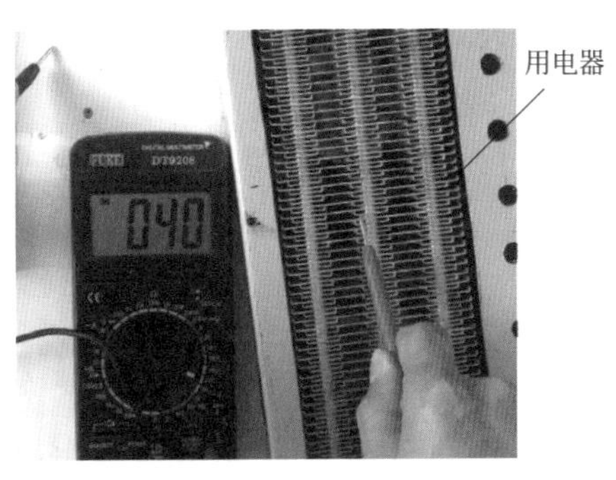

图1-14　使用万用表检查设备漏电

九　万用表检测电动机（图1-15 ～图1-17）

单相电动机由启动绕组和运转绕组组成定子。启动绕组的电阻大，导线细（俗称小包）。运转绕组的电阻小，导线粗（俗称大包）。单相电动机的接线端子有公共端子、运转端子（主线圈端子）、启动线圈端子（辅助线圈端子）。

在单相异步电动机的故障中，大多数是由电动机绕组烧毁而造成的。因此在修理单相异步电动机时，一般要做电气方面的检查，首先要检查电动机的绕组。

单相电动机的启动绕组和运转绕组的分辨方法：用万用表的 R×1 挡测量公共端子、运转端子（主线圈端子）、启动线圈端子（辅助线圈端子）三个接线端子的每两个端子之间的电阻值。测量时按下式（一般规律，特殊除外）：

总电阻 =（启动绕组 + 运转绕组）的电阻

已知其中两个值即可求出第三个值。

小功率的压缩机用电动机的电阻值，见表 1-1。

表 1-1　小功率电动机电阻值

电动机功率/kW	启动绕组电阻/Ω	运转绕组电阻/Ω
0.09	18	4.7
0.12	17	2.7
0.15	14	2.3
0.18	17	1.7

电容正反向运行电动机的检测方法：

① 结构：洗衣机洗涤电动机的绕组主副绕组匝数及线径相同，如图 1-15 所示。

② 控制电路如图 1-16 所示。C1 为运行电容，K 可选各种形式的双投开关。

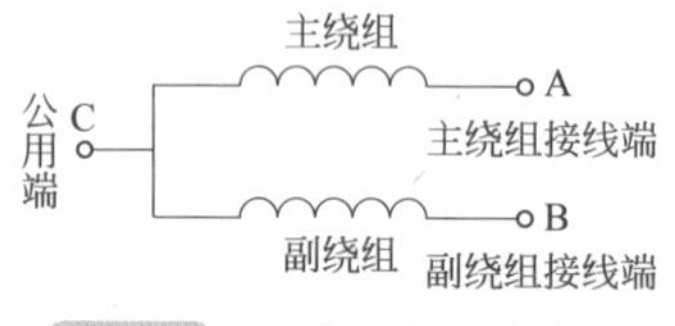

图1-15　电容运转式电动机

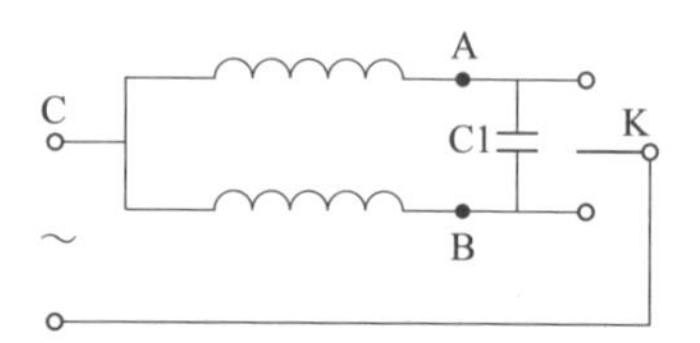

图1-16　电容运转式电动机正反转控制电路

③ 主副绕组及接绕端子的判别。用万用表（最好用数字表）电阻挡任意测 CA、CB、AB 阻值，测量中阻值最大的一次为 AB 端，另一端为公用端 C。当找到 C 后，测 C 端与另两端的阻值，两绕组阻值相同，说明此电动机无主副绕组之分，任一个绕组都可为主，也可为副。在实际测量中，不同功率的电动机阻值不同，功率小的阻值大，功率大的阻值小。如图 1-17 所示。

单相电动机检修

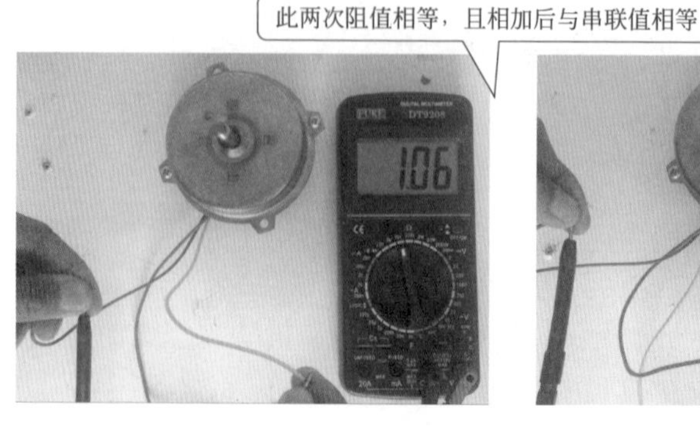

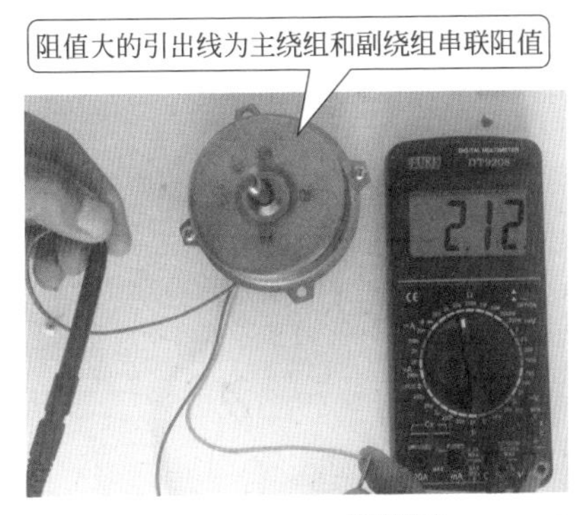

图1-17　主副绕组及接线端子判断

④ 与外壳绝缘测量，用万用表（最好用数字表）电阻挡高阻挡测 CBC 与外壳的阻值，应显示溢出（无穷大）为绝缘良好（可扫二维码看视频学习）。

十　钳形万用表（图1-18、图1-19）

① 测量前对于机械型钳形表要机械调零，数字型的钳形表不用。

② 选择合适的量程，一般要先选大一些的量程，再选小一些的量程或看铭牌值估算。对于精度要求不高的场合尽量选大些的量程。

③ 当使用最小量程测量，其读数还不明显时，可将被测导线绕几匝，匝数要以钳口中央的匝数为准，这时的读数 = 指示值 × 量程 / 满偏 × 匝数。

④ 测量时，应使被测导线处在钳口的中央，并使钳口闭合紧密，以减少误差。

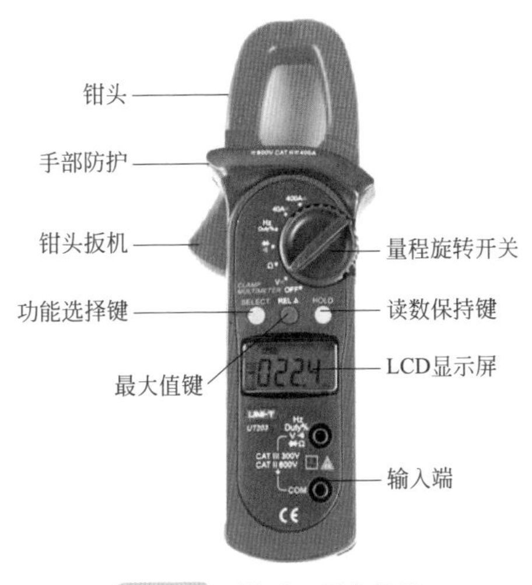

钳形表的使用

图1-18　钳形万用表外形

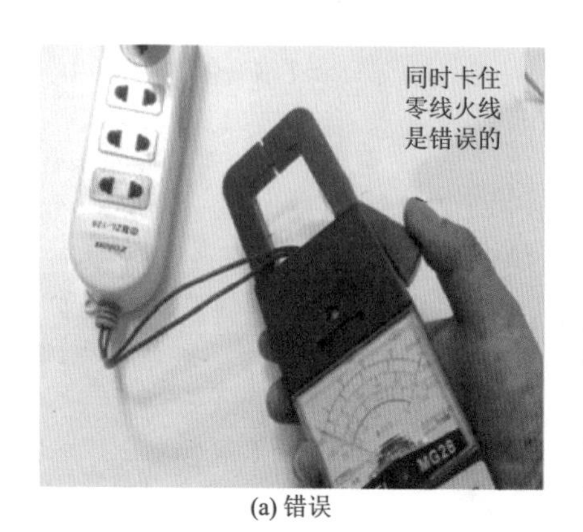

(a) 错误

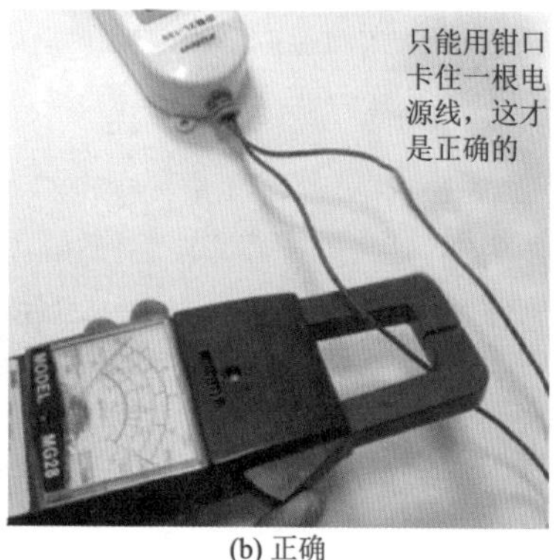

(b) 正确

图1-19 钳形表使用

⑤ 测量完毕，必须将转换开关放在最大量程处。且千万不要忘记关机（有些数字钳形表具有自动关机功能）。

十一 绝缘电阻表（兆欧表）

兆欧表又称摇表，广泛用于测量发电机、电源变压器、配线、电器和其他电气装置（如控制、信号、通信和电源的电缆）的绝缘电阻。它的主要应用是测试电气设备及线路绝缘电阻的变化。兆欧表大多采用手摇发电机供电，故又称摇表。它的刻度是以兆欧（MΩ）为单位的。

兆欧表的接线柱有三个（图 1-20），上端两个较大的接线柱上分别标有“接地”（E）和“线路”（L），在下方较小的一个接线柱上标有 G，是“保护环”（或“屏蔽”端）。

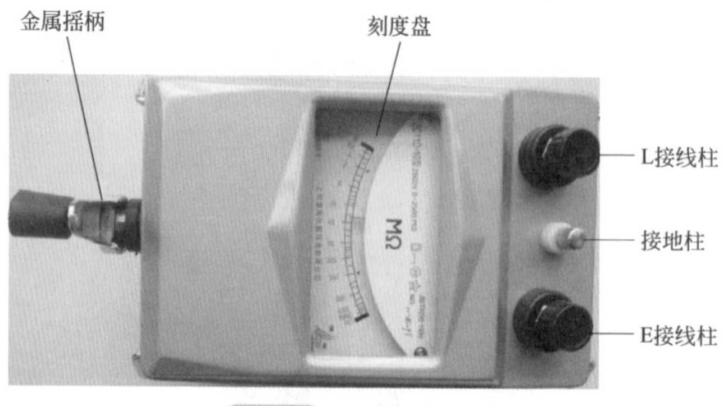

图1-20 兆欧表的外形

1.用兆欧表测量线路对地的绝缘电阻（图1-21 ~图1-23）

图1-21　兆欧表手摇方法

(a) A相对地电阻

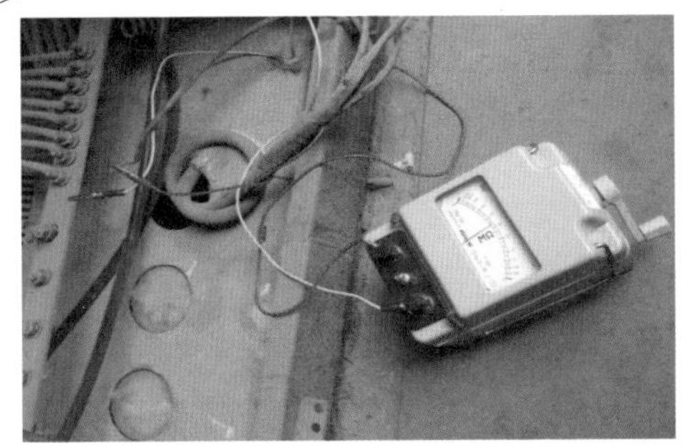

(b) 相线对地电阻

图1-22　兆欧表测量线路间绝缘电阻

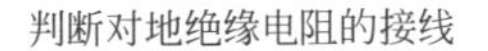

(a) 电动机相间电阻

(b) 电动机对地电阻

图1-23　用兆欧表测量电动机相间通断和对地电阻

将兆欧表的“接地”接线柱（即E接线柱）可靠地接地，将“线路”接线柱（即L接线柱）接到被测线路上。连接好两个端子后，手握摇柄顺时针摇动兆欧表，并且转速逐渐加快，要保持在约120转/min后保持匀速摇动，当转速稳定后，表的指针也稳定下来后，指针所指示的数值即为被测物的绝缘电阻值。

在实际使用当中，E、L两个接线柱也可以任意连接，即E可以与被测物相连接，L可以与接地体连接（即接地），但G接线柱千万不能接错。

2.用兆欧表测量电动机的绝缘电阻

将兆欧表E接线柱接机壳（即接地），L接线柱接到电动机某一相的绕组上，测出的绝缘电阻值就是某一相的对地绝缘电阻值。

3.用兆欧表测量电缆或线路的绝缘电阻

将接线柱E与电缆外壳相连接，接线柱L与线芯连接，同图1-22和图1-23。

验电器

1.低压验电器

①氖泡发光验电器（图1-24）。

在使用验电器时只要带电体与地之间至少有60V的电压，试电笔的氖管就可以发光。高于500V的电压则不能用普通验电笔来测量。

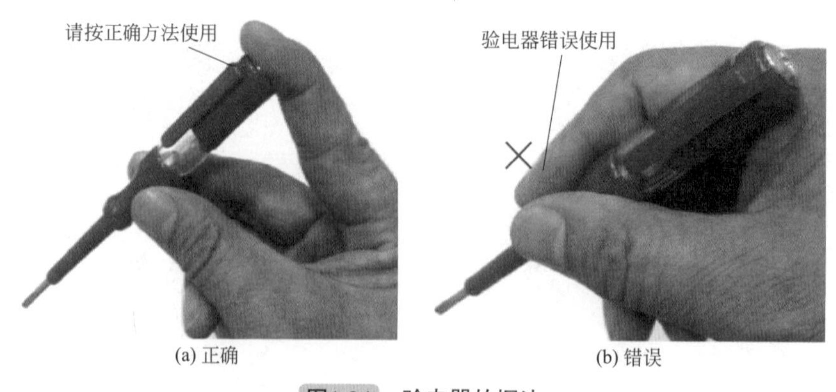

(a) 正确　　(b) 错误

图1-24　验电器的握法

②电子式验电器（图1-25）。

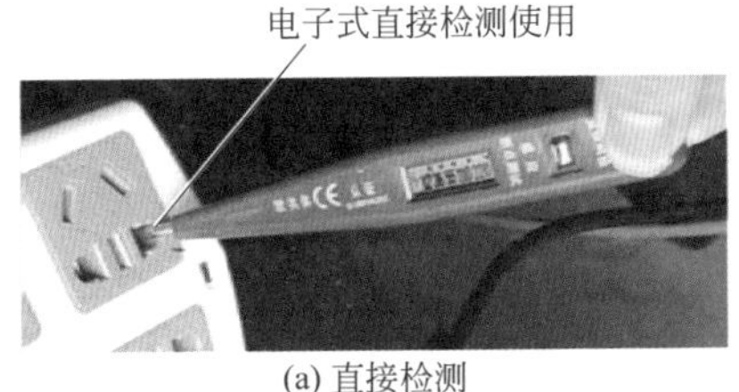

(a) 直接检测

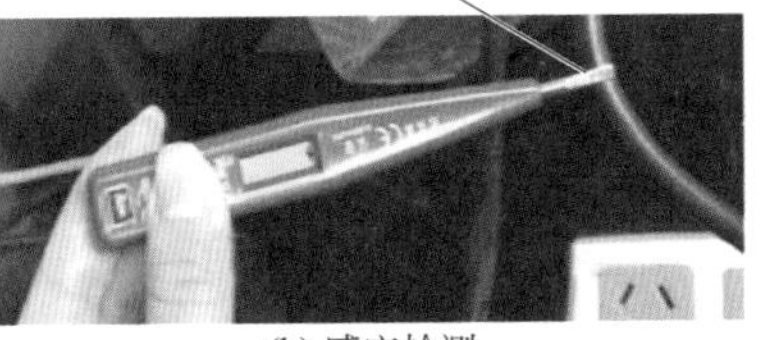

(b) 感应检测

图1-25 电子式验电器的使用

2.高压验电器(图1-26)

图1-26 高压验电器

① 高压验电器在使用时，必须认真执行操作监护制，一人操作，一人监护。操作者在前，监护人在后。使用验电器时，必须注意其额定电压要和被测电气设备的电压等级相适应，否则可能会危及操作人员的人身安全或造成错误判断。

② 验电时，操作人员一定要戴绝缘手套，穿绝缘靴，防止跨步电压或接触电压对人体的伤害。

③ 操作者应手握罩护环以下的握手部分，先在有电设备上进行检验。检验时，应渐渐地移近带电设备至发光或发声止，以验证验电器的完好性。然后在需要进行验电的设备上检测。

重要提示 同杆架设的多层线路验电时，应先验低压，后验高压，先验下层，后验上层。

其他电工常用工具的使用可扫二维码看视频学习。

电工工具的使用

第二章

低压电气部件及检测

一 高低压熔断器

熔断器用途：低压熔断器用途主要是低压配电短路保护和电缆线路过载保护。

熔断器工作原理：利用金属导体作为熔体串联于电路中，当过载或短路电流通过熔体时，因其自身发热而熔断，从而分断电路。熔断器结构简单，使用方便，广泛用于电力系统、各种电工设备和家用电器中作为保护器件。

1.RT36型有填料管式熔断器（图2-1）

RT36 型有填料管式熔断器主要用在交流电压 380V 的电路中，作为电路、电动机的过载和短路保护用。该熔体有填料管式熔断器是用多根并联熔体组成网状，能保证较高较可靠的分断能力，管内充满石英砂，用来冷却和熄灭电弧，这种熔断器附有绝缘手柄，可以带电装拆，规格有 100A、200A、400A、600A、1000A 等。

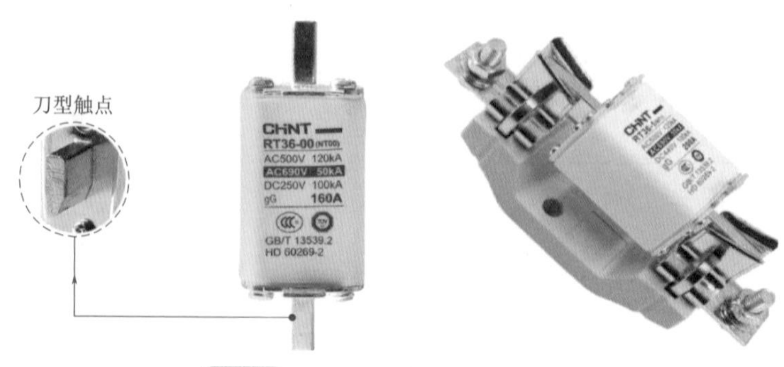

图2-1 RT36型有填料管式熔断器

2.RT28熔断器（图2-2）

RT28型圆筒形帽熔断器适用于交流50Hz、额定电压至500V、额定电流至63A的配电装置中作为过载和短路保护之用（注意：此型熔断器不推荐用于电容柜中，若用于电容柜用建议用RT36-00替之）。

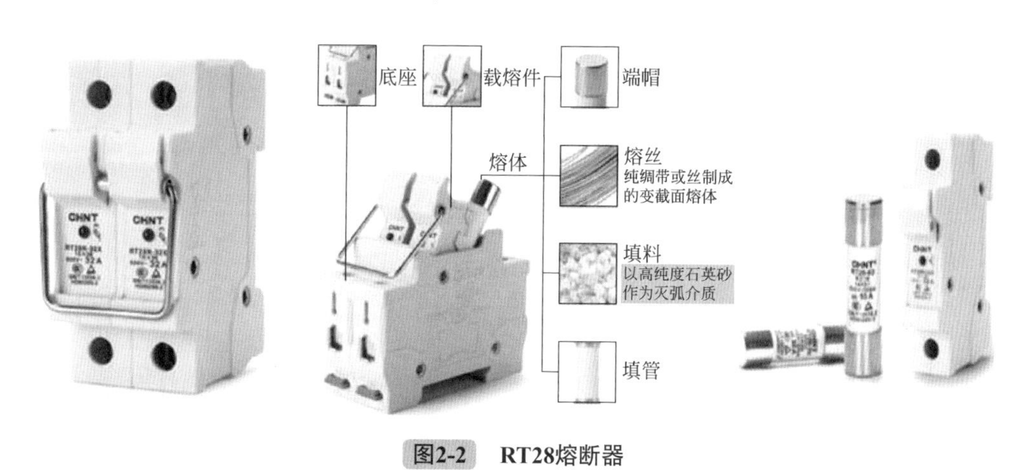

图2-2 RT28熔断器

3.螺旋式熔断器（图2-3和图2-4）

螺旋式熔断器的作用与插入式熔断器相同，用于电气设备的过载及短路保护。它分断能力较高，结构紧凑，体积小，安装面积小，更换熔体方便，工作安全可靠，广泛用于控制箱、配电屏、机床设备及振动较大的场合，在交流额定电压500V、额定电流200A及以下的电路中，作为短路保护器件。常用规格有2A、5A、15A、20A、30A、50A、60A、80A、100A几种。

熔断管内装有熔丝，石英砂和带小红点的熔断指示器，指示器指示熔丝是否熔断，石英用于增强灭弧性能。

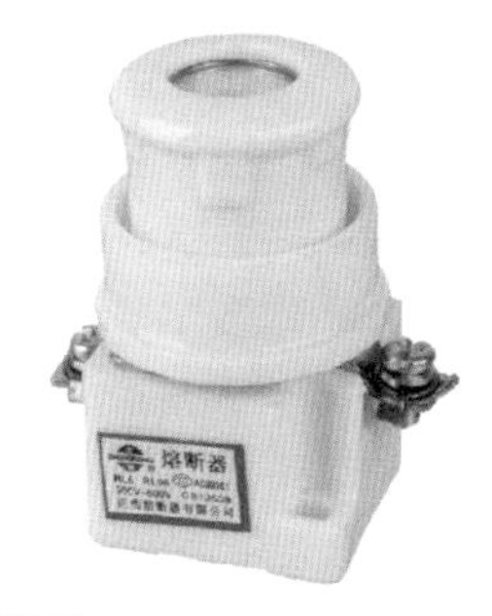

图2-3 螺旋式熔断器

图2-4 熔丝是否熔断检查点

4. 跌落式熔断器（图2-5）

跌落式熔断器是10kV配电线路最常用的一种短路保护开关，它具有经济、操作方便、户外环境适应性强等特点，被广泛应用于10kV配电线路和配电变压器一次侧作为保护使用。它安装在10kV配电线路分支线上，可缩小停电范围，因其有一个明显的断开点，具备了隔离开关的功能，给检修段线路和设备创造了一个安全作业环境，增加了检修人员的安全感。它安装在配电变压器上，可以作为配电变压器的主保护，所以在10kV配电线路和配电变压器中得到了普及。

跌落式熔断器工作原理：熔管两端的动触点依靠熔丝（熔体）系紧，将上动触点推入"鸭嘴"凸出部分后，磷铜片等制成的上静触点顶着上动触点，故而熔管牢固地卡在"鸭嘴"里。当短路电流通过熔丝熔断时，产生电弧，熔管内衬的钢纸管在电弧作用下产生大量的气体，因熔管上端被封死，气体向下端喷出，吹灭电弧。由于熔丝熔断，熔管的上、下动触点失去熔丝的系紧力，在熔管自身重力和上、下静触点弹簧片的作用下，熔管迅速跌落，使电路断开，切除故障段线路或者故障设备。

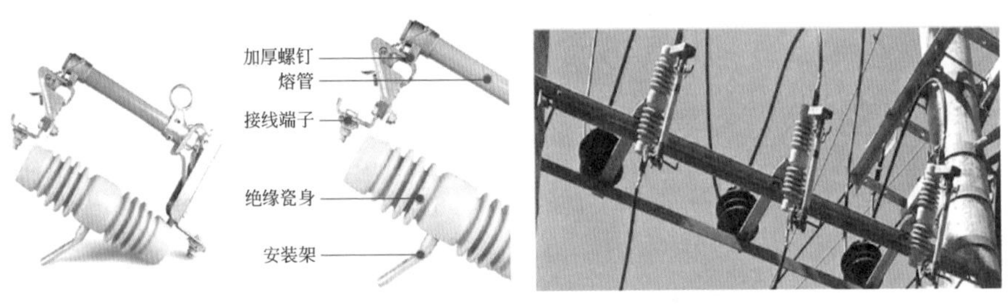

图2-5　跌落式熔断器外形结构及在10kV配电线路分支线上安装

二　交流接触器（图2-6和图2-7）

交流接触器作用：作为执行元件，用于接通、分断线路或频繁地控制电动机等设备运行。交流接触器主要的控制对象是电动机，也广泛用于控制其他电力负载，如电焊机、电容器、电热器、照明组等。

常用交流接触器有正泰CJT1、施耐德LC1系列、正泰CJx2系列、西门子3RT等系列的产品。

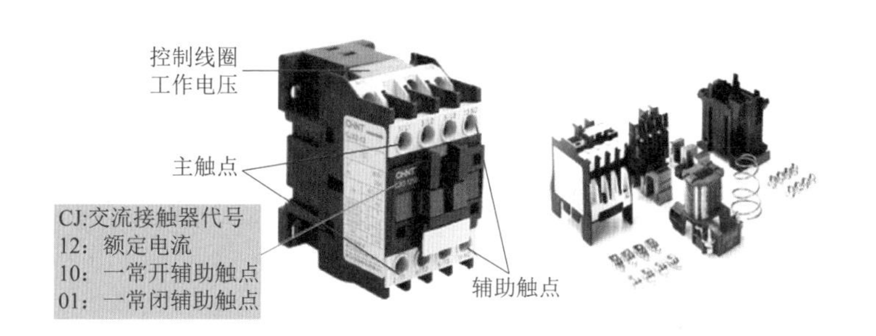

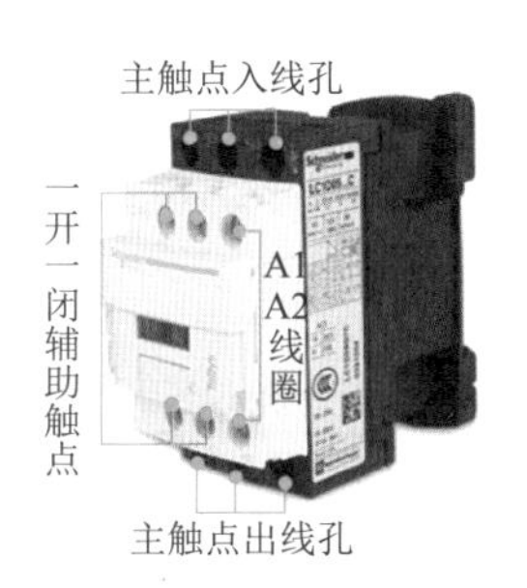

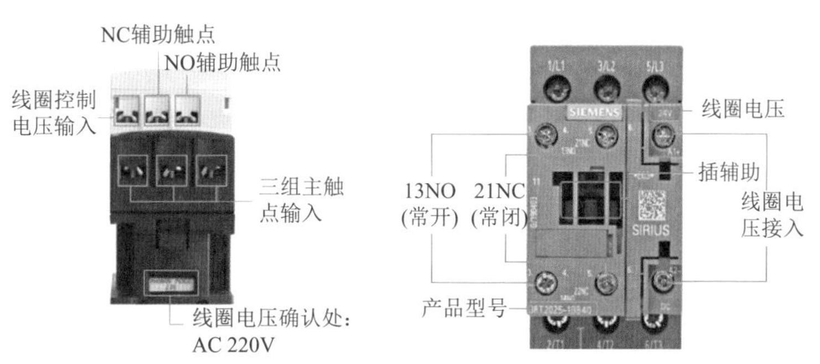

图2-6 交流接触器外形

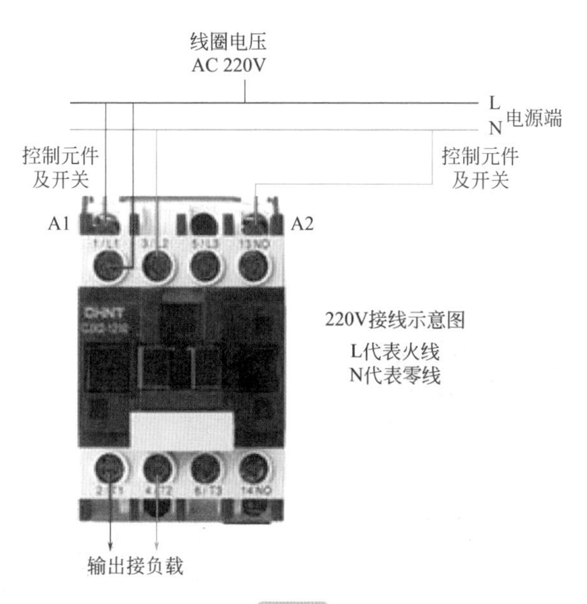

接触器的
检测1

接触器的
检测2

图2-7

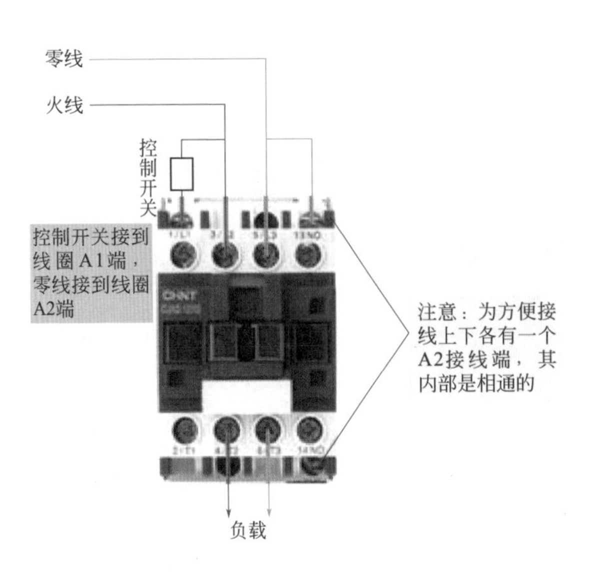

图2-7 交流接触器接线

三 中间继电器（图2-8）

中间继电器用于继电保护与自动控制系统中，以增加触点的数量及容量。它用于在控制电路中传递中间信号。中间继电器的结构和原理与交流接触器基本相同，与接触器的主要区别在于：接触器的主触点可以通过大电流，而中间继电器的触点只能通过小电流。

所以，它只能用于控制电路中。它一般是没有主触点的，因为过载能力比较小。所以它用的全部都是辅助触点，数量比较多。

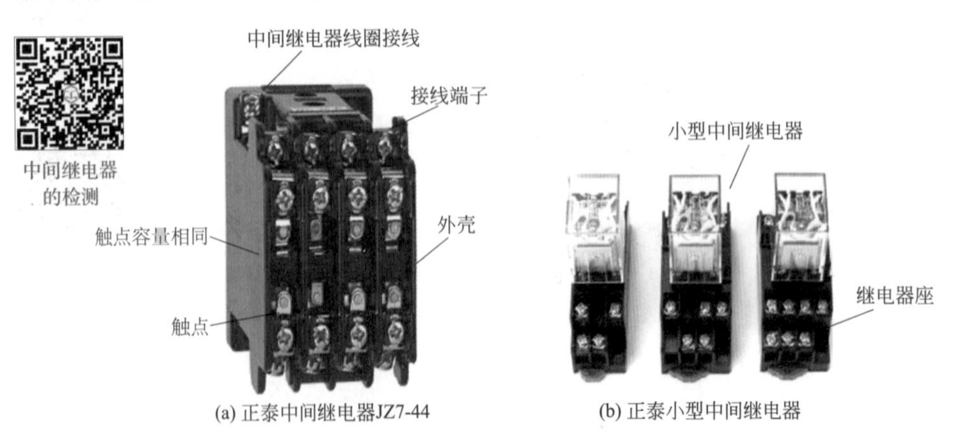

(a) 正泰中间继电器JZ7-44　(b) 正泰小型中间继电器

图2-8 常用中间继电器外形结构

四　热继电器（图2-9）

常用的热继电器由常开触点、常闭触点、热元件、动作机构、复位按钮和电流设定装置组成。

热继电器的检测

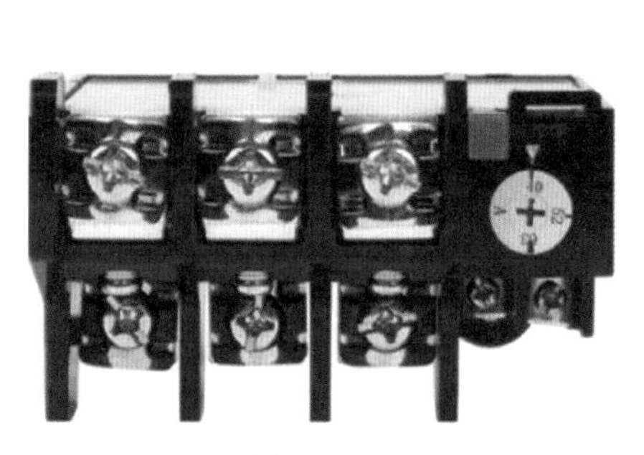
(a) 正泰热继电器NR2-25

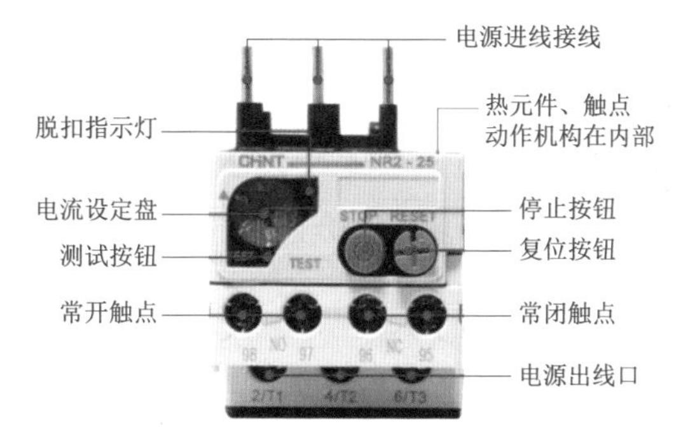

(b) 正泰热继电器JR36

图2-9　正泰热继电器各部分结构说明

五　时间继电器

时间继电器的主要作用是作为简单程序控制中的一种执行器件，当它接收了启动信号后开始计时，计时结束后它的工作触点进行接通或是断开的动作，从而推动后续的电路工作。通常时间继电器的延时性能在设计的范围内是可以调节的，从而方便调整它的延时时间长短。

我们日常使用的时间继电器，根据其延时方式的不同，又可分为通电延时型和断电延时型两种。时间继电器触点符号识别可扫二维码看视频讲解。

时间继电器触点符号识别

① 通电延时型时间继电器在获得输入信号后立即开始延时，需待延时完毕，其执行部分才输出信号以操纵控制电路；当输入信号消失后，继电器立即恢复到动作前的状态。

② 断电延时型时间继电器恰恰相反，当获得输入信号后，执行部分立即有输出信号；而在输入信号消失后，继电器却需要经过一定的延时，才能恢复到动作前的状态。

1.ST3时间继电器各部分说明和正泰循环时间电器JSS48A系列接线（图2-10和图2-11）

电子时间继电器的检测

机械时间继电器的检测

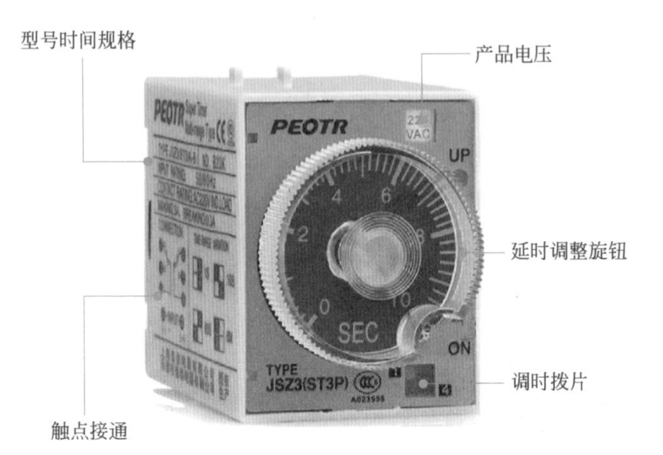

图2-10　ST3时间继电器接点说明

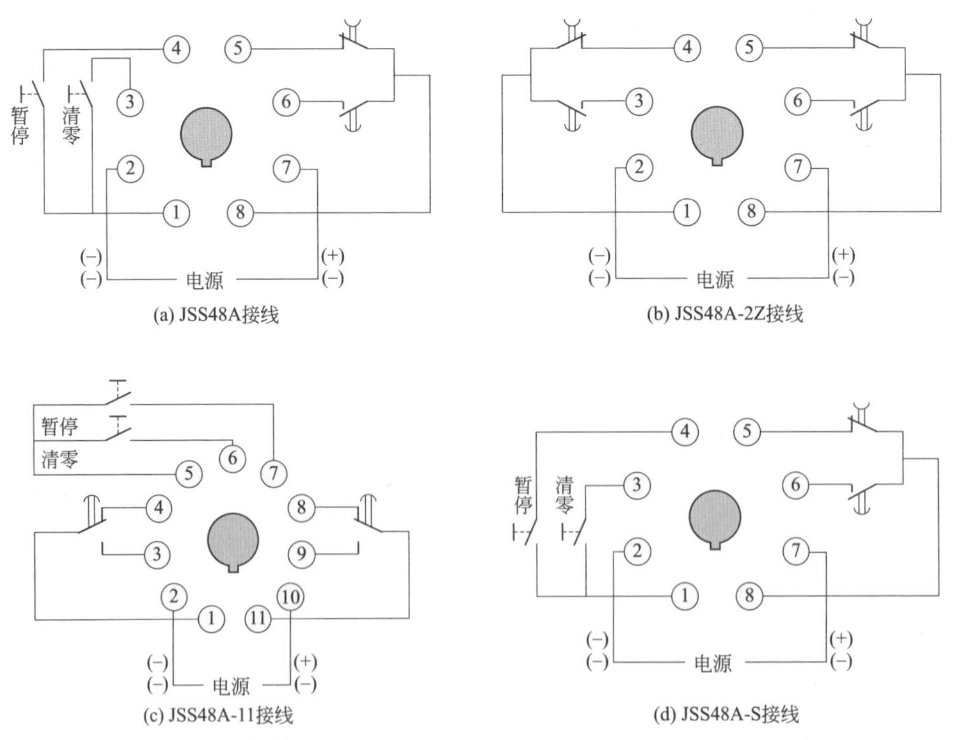

图2-11　正泰循环时间继电器JSS48A系列接线

2.ST3时间继电器与交流接触器接线（图2-12和图2-13）

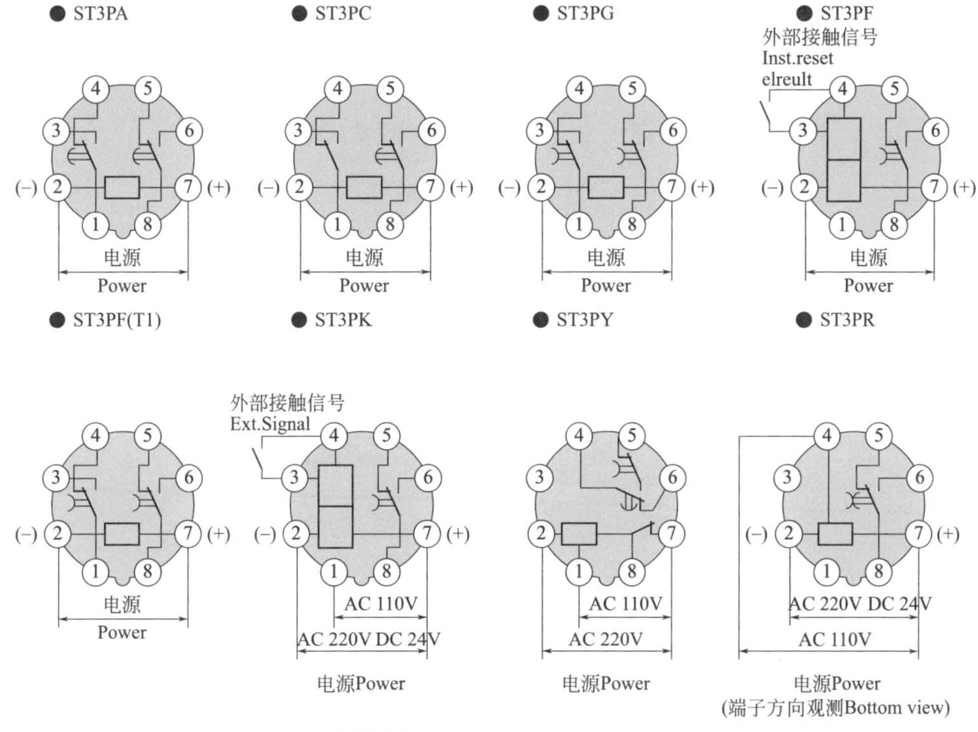

图2-12　ST3时间继电器接线图

220V 控制电压 ST3 时间继电器与交流接触器延时通电接线连接时，时间继电器电源端 2、7 和延时公共端 1、8 用跳线连接方式接线。

六　断相和相序综合保护器

1.断相和相序保护器作用

相序错误时容易造成安全事故、设备损坏。断相和相序保护器就是对设备的供电电源进行实时监控，在电源发生过电压、欠电压、相序、三相电压不平衡、断相等异常时迅速切断电源。

2. 常用断相和相序综合保护器外形结构（图2-13）

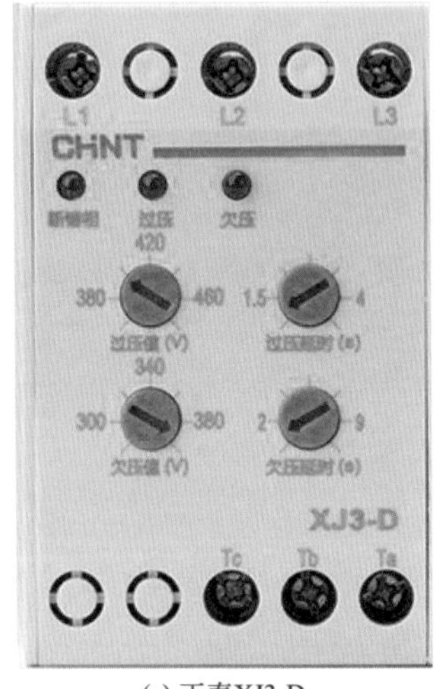

(a) 正泰XJ3-D

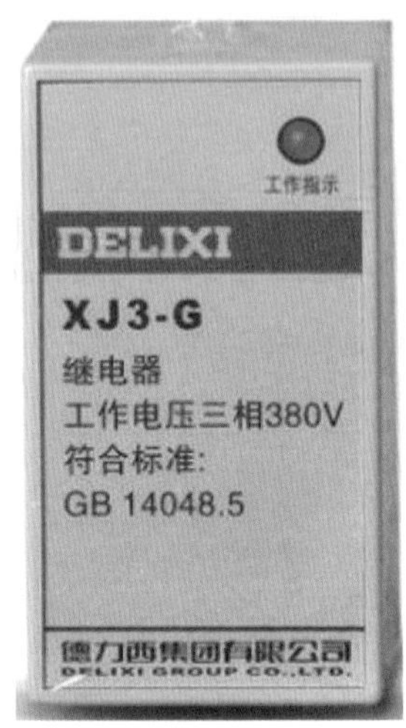

(b) 德力西XJ3-G

图2-13　常用断相和相序综合保护器外形

3. 常用断相和相序综合保护器接线原理图

① 正泰 XJ3 接线原理图（图 2-14）。

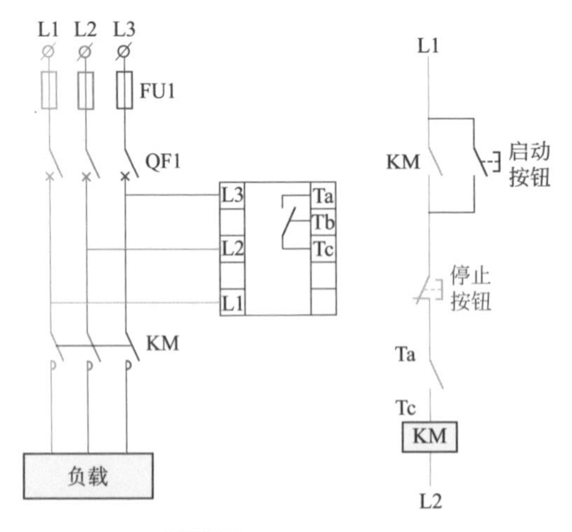

图2-14　正泰XJ3接线

② 德力西 XJ3 系列断相和相序综合保护器接线图（图 2-15）。

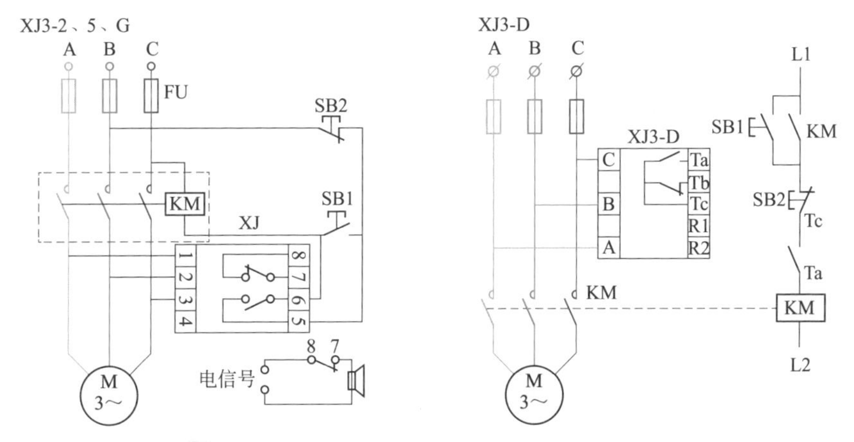

图2-15 德力西XJ3系列断相和相序综合保护器接线图

4.德力西XJ3-G实物接线图（图2-16）

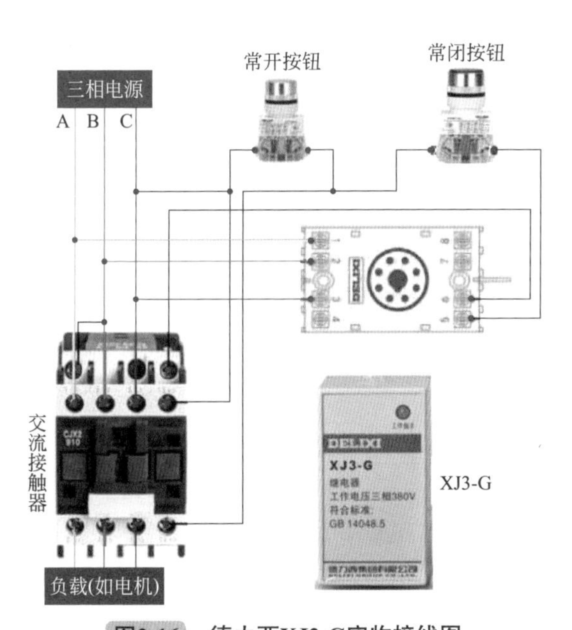

图2-16 德力西XJ3-G实物接线图

七 断路器（图2-17）

断路器主要由触点、灭弧装置、操作机构和保护装置等组成。

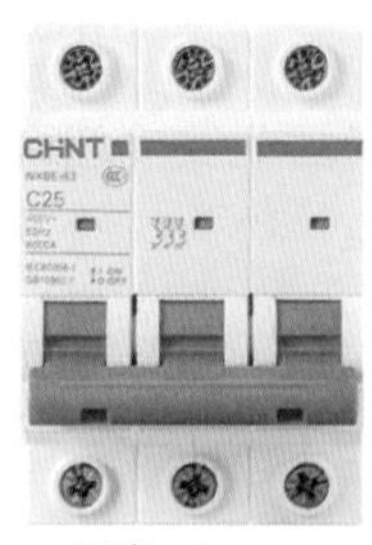

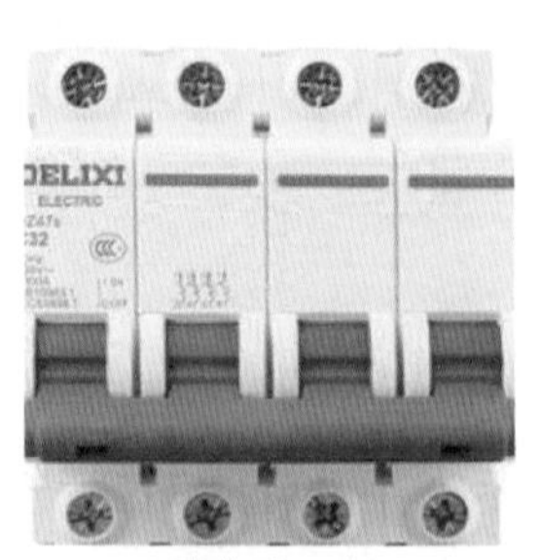

(a) 正泰DZ158 1P　(b) 施耐德A9 2P　(c) 正泰NXBE-63 3P　(d) 德力西DZ47 4P

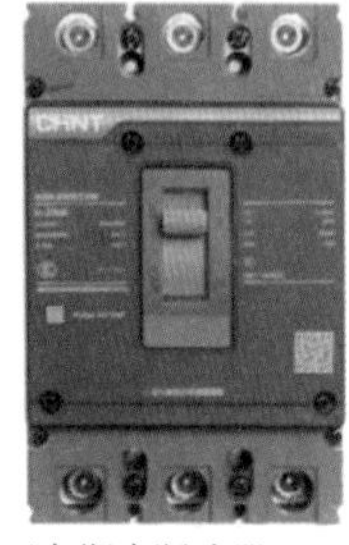

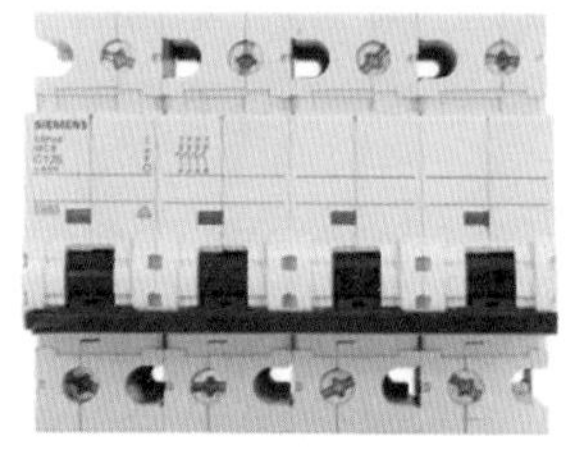

(e) 正泰塑壳断路器NXM-125　(f) 施耐德断路器CVS100N　(g) 西门子4P125A

图2-17　常用断路器外形

1.断路器作用

断路器的作用是切断和接通负荷电路，以及切断故障电路，防止事故扩大，保证安全运行。

2.低压断路器的主要参数

低压断路器的主要参数有：额定工作电压、壳架额定电流等级、极数、脱扣器类型及额定电流、短路分断能力、分断时间等。

- 额定工作电压：断路器在正常（不间断的）的情况下工作的电压。
- 额定电流：配有专门的过电流脱扣继电器的断路器在制造厂家规定的环境温度下所能无限承受的最大电流值，不会超过电流承受部件规定的温度限值。

以德力西 DZ47 断路器为例（图 2-18）。

其中断路器 1P、2P、3P、4P 分别指：1P 也叫单极，接线头只有一个，仅能断开一根火线，这种单极开关适用于控制一相火线；2P 也叫双极或两极，接头线有两个，一个接火线，一个接零线，这种开关适用于控制一相线一零线；3P 也叫三极，接线头有三个，三个都接火线，这种开关适用于控制三相 380V 电压线路；4P 也叫四极，接线头有四个，其中三个接火线，一个接零线，这种开关适用于控制三相四线制线路。

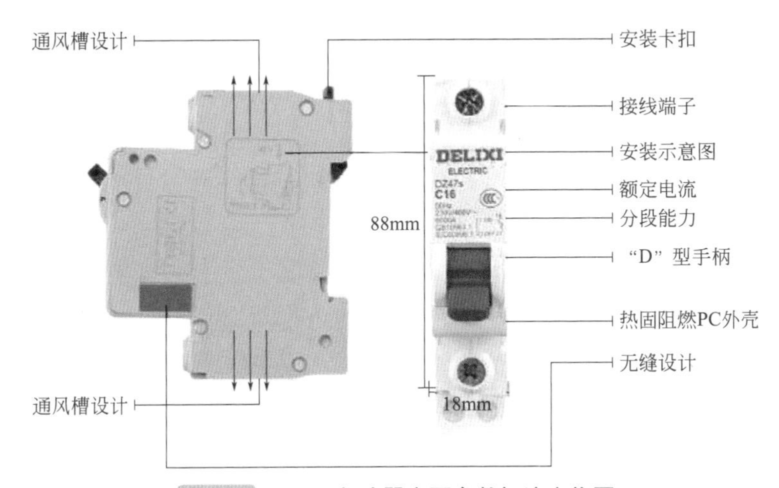

图2-18　DZ47断路器主要参数标注实物图

对于断路器命名，通常 P 代表极数，N 代表零线，2P 代表小型断路器的两极，都具有热磁保护功能，宽度为 36mm，而中 1P+N 只有火线热磁保护功能，N 极没有热磁保护功能，但会与火线同时断开，宽度为 18mm，所以 1P+N 比 2P 更加经济，1P 和 1P+N 比 2P 少一片位置，在相同大小的空间，可以多接出几条支路。通常，总开关可以选用 2P 断路器，照明回路使用 1P 或 1P+N 小型断路器；插座回路使用 1P 或 1P+N 漏电保护断路器；大功率插座 (16A 三孔插座) 使用 2P 漏电保护断路器，这些我们在安装使用中在保证安全的情况下灵活选用。

以正泰 NXBE-63 三极断路器为例。

① 外形各部分介绍 (见图 2-19)。

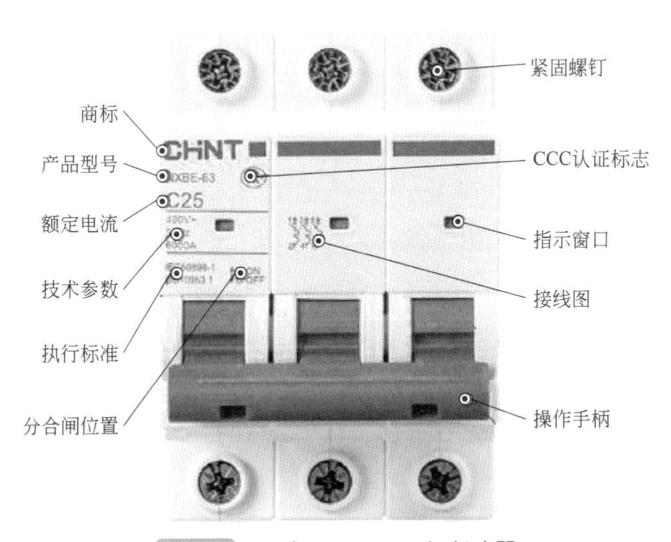

断路器的
检测1

断路器的
检测2

图2-19　正泰NXBE-63三极断路器

② 正确安装接线（见图 2-20）。

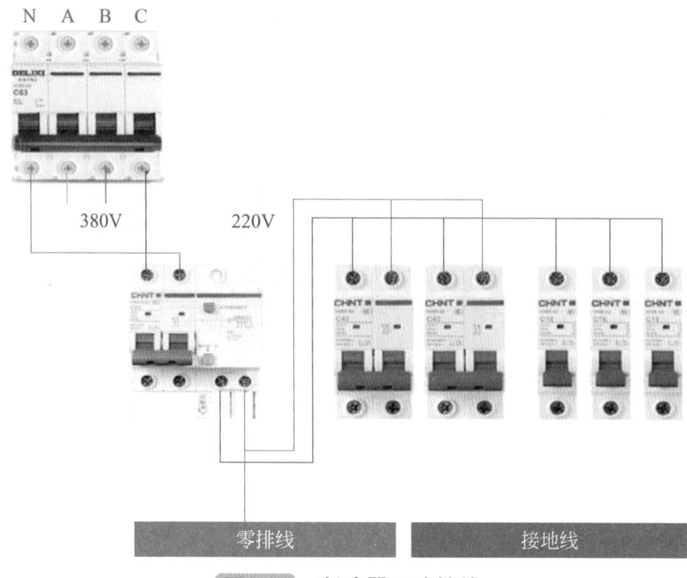

图2-20 断路器正确接线

八 控制按钮

控制按钮是一种短时接通或分断小电流电路的电器，通过人对按钮操作控制接触器、继电器等电器，再由它们去控制主电路。

控制按钮的触点，允许通过的电流很小，不允许超过 5A，同时控制按钮又分为自动复位按钮和自锁式按钮。

1. 按钮（图2-21和图2-22）

• 按钮的分类：按钮按作用和触点的结构不同分为停止按钮（常闭按钮）、启动按钮（常开按钮）和复合按钮（常开和常闭组合按钮）。

• 按钮开关的结构：由按钮帽、复位弹簧、固定触点、可动触点、外壳和支柱连杆等组成。

• 常开触点（动合触点）：指原始状态时（电器未受外力或线圈未通电）固定触点与可动触点处于分开状态的触点。

• 常闭触点（动断触点）：是指原始状态时（电器未受外力或线圈未通电）固定触点与可动触点处于闭合状态的触点。

常开按钮（启动按钮）开关，未按下时，触点是断开的，按下时触点闭合接通；

当松开后，按钮开关在复位弹簧的作用下复位断开。在控制电路中，常开按钮常用来启动电动机，也称启动按钮。

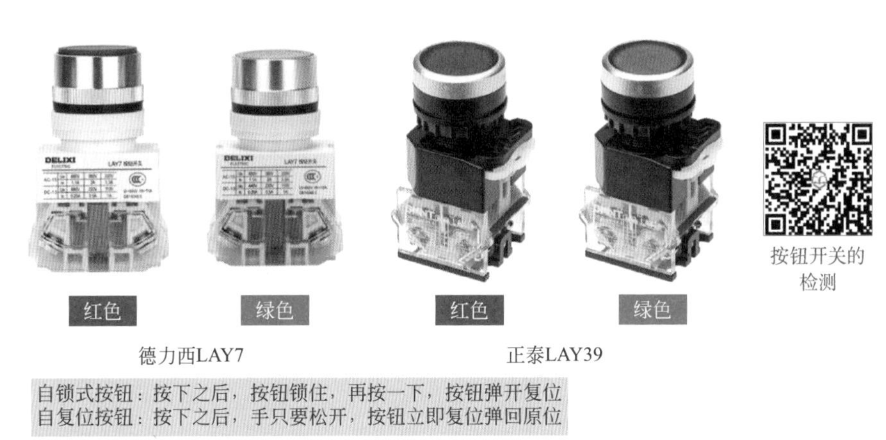

图2-21　常用的控制按钮

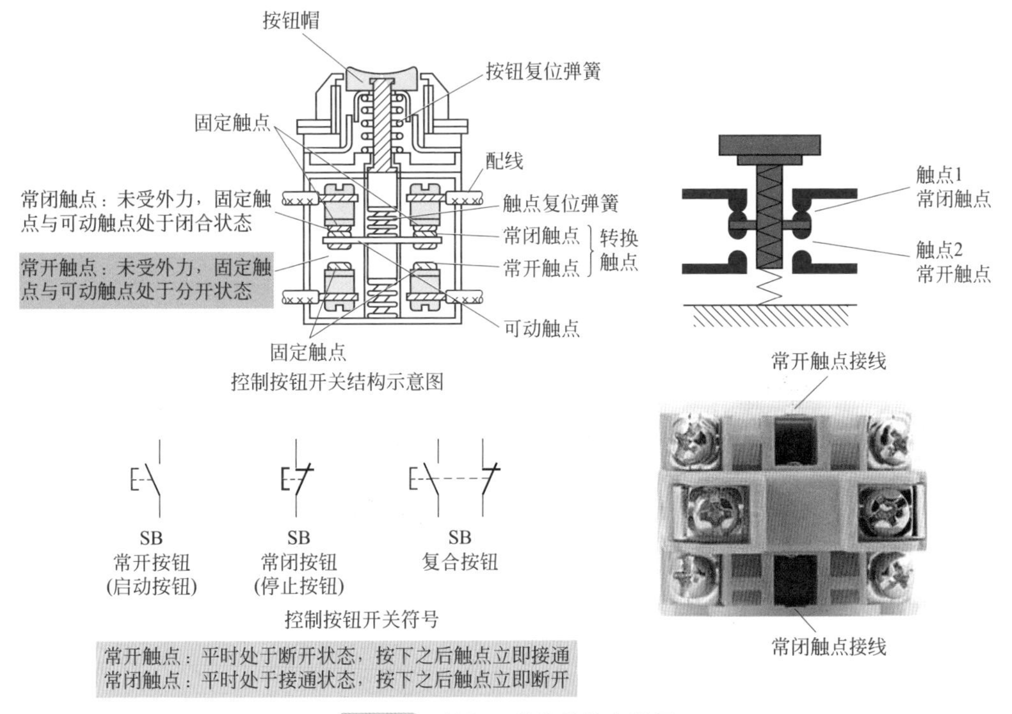

图2-22　按钮开关的结构和符号

常闭按钮（停止按钮）开关与常开按钮开关相反，未按下时，触点是闭合的，按下时触点断开；当手松开后，按钮开关在复位弹簧的作用下复位闭合。常闭按钮常用于控制电动机停车，也称停车按钮。

• 复合按钮开关：将常开与常闭按钮开关组合为一体的按钮开关，即具有常闭触点和常开触点。未按下时，常闭触点是闭合的，常开触点是断开的。按下按钮时，常闭触点首先断开，常开触点后闭合；当松开后，按钮开关在复位弹簧的作用下，首先将常开触点断开，继而将常闭触点闭合。复合按钮在联锁控制电路中应用比较多。

在日常使用中，常用的产品有正泰 LA19 系列、西门子 SB6 系列、施耐德 ZBEE-101、德力西 LAY7 以及正泰 LAY39 系列。按钮主要根据使用场合、触点数和所需颜色来选择。

2. 旋钮开关（图2-23）

旋钮开关是一种以旋转手柄来操控主触点通断的开关。一般分为单极单位结构和多极单位结构两种。

• 自锁旋钮开关是一种常见的旋钮开关。在开关旋钮旋转时，开关接通并保持，即自锁，同时开关旋钮不弹出来。

• 按钮自锁开关一般是指开关自带机械锁定功能，按下去，松手后按钮是不会完全跳起来的，处于锁定状态，需要再按一次，才解锁完全跳起来。

• 自复位旋钮开关是旋转按钮触点接通，松开旋转按钮旋钮自动弹回，触点断开。

其中施耐德 ZB2-BE101C 为常开两位选择两挡开关，正泰 NP4 为两位自锁旋钮开关（1 开 1 闭），德力西 LA38 旋钮为旋转启动保持 1 开 1 闭，广励 LA38 为带钥匙旋钮选择两挡开关。

(a) 施耐德ZB2-BE101C

(b) 正泰NP4

(c) 德力西LA38

(d) 广励LA38

图2-23　常用的旋钮开关

旋钮开关和按钮开关的区别：按钮开关只具有开、关两种状态，当需要控制多种状态时就用旋钮开关。按钮开关有自动复位的，即接通一下就断开，也有自锁的，即接通后自锁，一直呈接通状态；旋钮开关有可复位的，有两挡的即开、关状态转换，有三挡的一般用于手动、自动、停止转换。

九　刀开关

1.刀开关的外形结构（图2-24）

刀开关是由刀开关和熔体组合而成的，瓷底板上装有进线座、静触点、熔体、出线座及三个刀片式的动触点，上面覆有胶盖以保证用电安全。

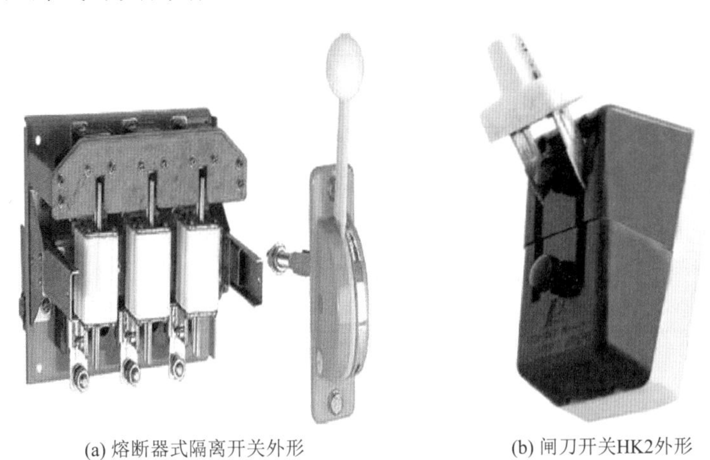

(a) 熔断器式隔离开关外形　　(b) 闸刀开关HK2外形

图2-24　常用刀开关外形和结构

2.刀开关图形符号（图2-25）

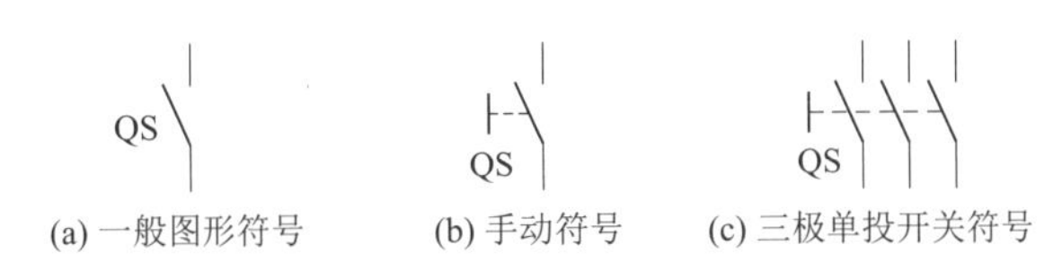

(a) 一般图形符号　　(b) 手动符号　　(c) 三极单投开关符号

图2-25　刀开关图形符号

3.刀开关的作用

① 隔离电源，以确保电路和设备维修的安全；或作为不频繁地接通和分断额定电流以下的负载用。

② 分断负载，如不频繁地接通和分断容量不大的低压电路或直接启动小容量电机。

③ 刀开关处于断开位置时，可明显观察到，能确保电路检修人员的安全。

十 组合开关（图2-26）

HZ 系列组合开关有 HZ1、HZ2、HZ3、HZ4、HZl0 等系列产品，适用于交流 50Hz 380V 以下的电源接入，常用在小容量电动机的直接启动，电动机正、反转控制等。

系列组合开关由多节触点组合而成，故又称组合开关。

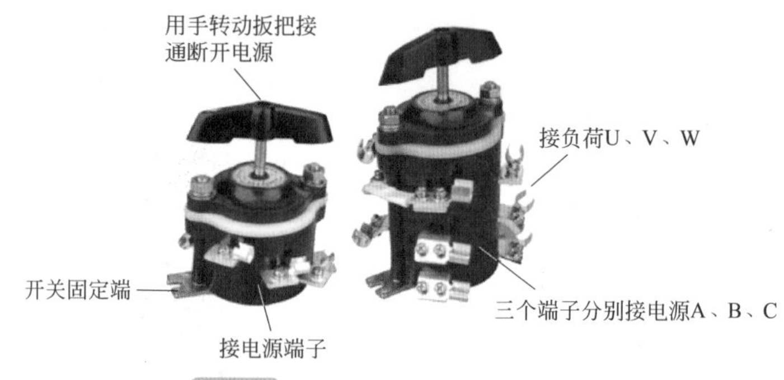

图2-26 HZ10-10/3型组合开关外形

十一 万能转换开关（图2-27）

万能转换开关由多组相同结构的开关元件组合而成，是可以控制多回路的主令电器。由于开关的触点挡数多、换接线路多，故称万能转换开关。

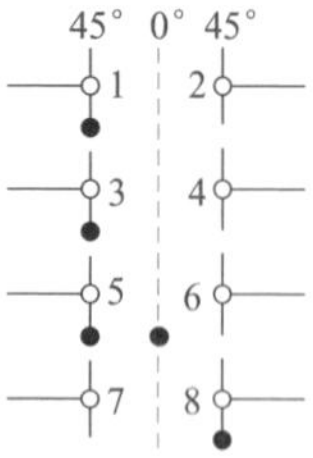

图2-27 万能转换开关符号

万能转换开关适用于交流 50Hz、额定工作电压 380V 及以下、直流压 220V 及以下、额定电流至 160A 的电气线路中，主要用于各种控制线路的转换、电压表、电流表的换相测量控制、配电装置线路的转换和遥控等。同时万能转换开关还可以用于直接控制小容量电动机的启动、调速和换向。

常用的万能转换开关有 LW5 和 LW6 系列。LW5 系列万能转换开关的绝缘结构大量采用热塑性材料，它的触点挡数共有 1 ～ 16、18、21、24、27、30 等 21 种。其中 16 挡以下的为单列（换接一条线路），16 挡以上为三列（换接三条线路）。在日常使用中配电设施应用比较多，特别是三相电压测量转换，基本都是采用它。

万能转换开关由很多层触点底座叠装而成，每层触点底座内装有一副（或三副）触点和一个装在转轴上的凸轮，操作时，手柄带动转轴的凸轮一起旋转，凸轮就可接通或分断触点。由于凸轮的形状不同，当手柄在不同的操作位置时，触点的分合情况也不同，从而达到换接电路的目的。

万能转换开关的检测

图 2-27 中，“-o o-”代表一路触点，而每一根竖的点画线表示手柄位置，在某一个位置上哪一路接通，就在下面用黑点“•”表示。

当万能转换开关打向左 45° 时，触点 1-2、3-4、5-6 闭合，触点 7-8 打开；打向 0° 时，只有触点 5-6 闭合；打向右 45° 时，触点 7-8 闭合，其余打开。

万能转换开关根据用途、所需触点挡数和额定电流来选择。

十二　限位行程开关（图2-28和图2-29）

行程开关的检测

图2-28　常用行程开关外形

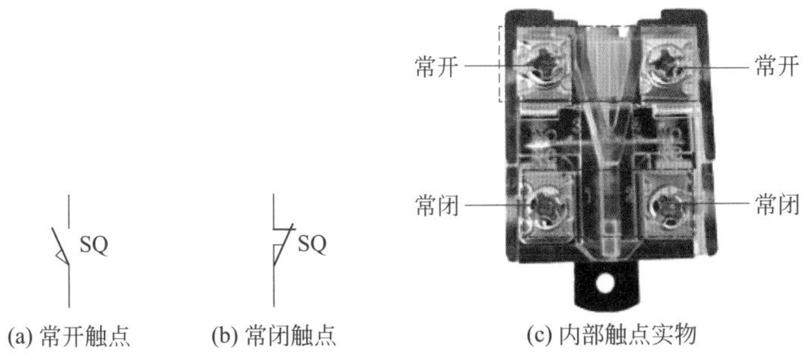

(a) 常开触点　(b) 常闭触点　(c) 内部触点实物

图2-29　行程开关符号

行程开关根据动作要求和触点的数量来选择。

十三 凸轮控制器

1. 凸轮控制器的外形（图2-30）

凸轮控制器的检测

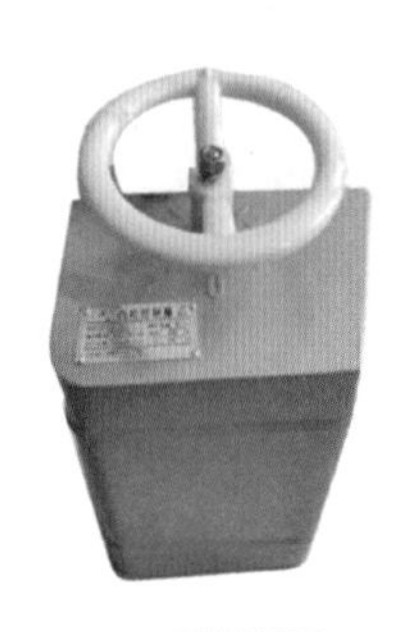

图2-30 凸轮控制器的外形

2. 凸轮控制触点分合展开图（图2-31）

凸轮控制器的触点分合情况通常用展开图来表示。KTJ1-50/1 型凸轮控制器的触点分合展开图如图 2-32 所示，图中凸轮控制器的手轮共有 11 挡位置。

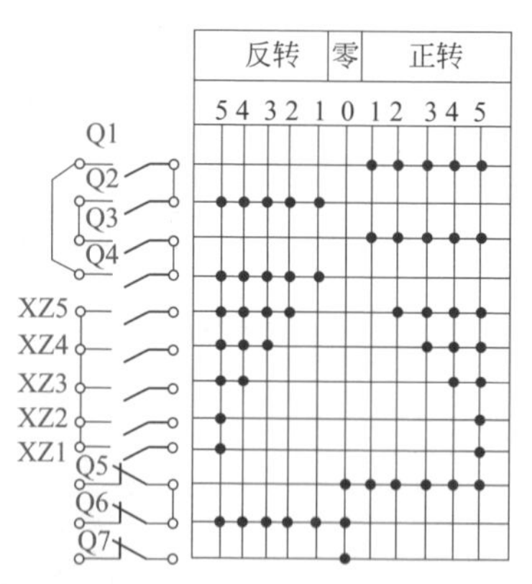

图2-31 KTJ1-50/1型凸轮控制器触点分合展开图

方框图左边就是凸轮控制器上的 12 个触点，各触点在手轮 11 个位置时的通断状态用有无“•”表示，有此标号的表示对应触点在此位置上是闭合的，无此标记的表示分断。例如：手轮在正转 4 位置时，可看出触点 Q1、Q3、XZ5、XZ4、XZ3 及 Q5 有“•”处于闭合，而其余触点都处于分断状态。又如手轮在反转 1 位置时，只有触点 Q2、Q4 和 Q6 闭合，其余触点都处于分断状态。两触点之间有短接线的（如 Q1-Q4 左边短接线）表示它们一直是接通的。

凸轮控制器根据电动机的容量、额定电压、额定电流和控制位置数目来选择。

十四　指示灯（图2-32）

指示灯颜色：红色代表紧急、危险情况；黄色代表异常情况、紧急临界情况；绿色代表正常情况，可做监视用，比如电源运行指示；蓝色代表强制性，指示操作者需要动作；白色无确定性，可用做监视，比如电源运行。

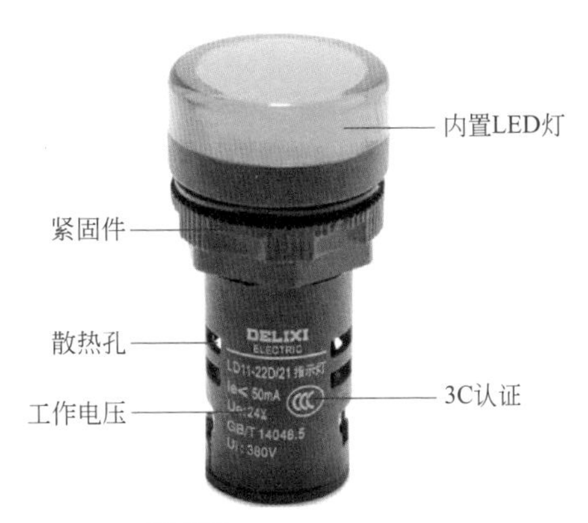

图2-32　指示灯结构说明

指示灯是用灯光监视电路和电气设备工作或位置状态的器件。指示灯通常用于反映电路的工作状态（有电或无电）、电气设备的工作状态（运行、停运或试验）和位置状态（闭合或断开）等。

指示灯的额定工作电压有220V、110V、48V、36V、24V、12V、6V、3V等。受控制电路通过电流大小的限制，同时也为了延长灯泡的使用寿命，常采取在灯泡前加一限流电阻或用两只灯泡串联使用，以降低工作电压。

十五　接近开关（图2-33～图2-35）

接近开关是一种无须与运动部件进行机械直接接触而可以操作的位置开关，当物体接近开关的感应面到动作距离时，不需要机械接触及施加任何压力即可使开关动作，从而驱动直流电器或给计算机（PLC）装置提供控制指令。

图2-33　常见接近开关外形

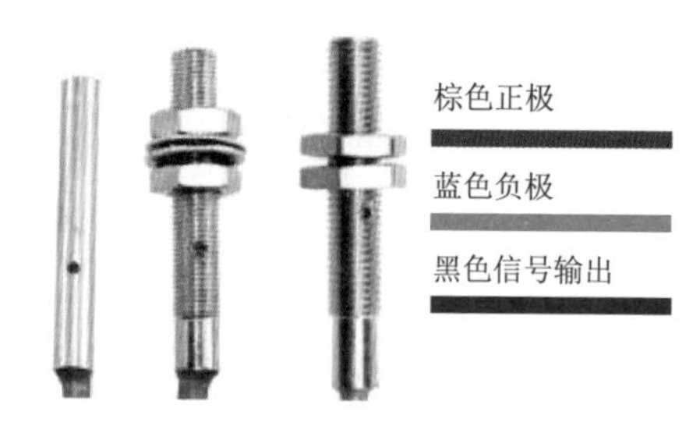

常开：

无物体遮挡时，开关总是处于断开状态

断开

有物体遮挡时，开关处于闭合状态

闭合

常闭：

无物体遮挡时，开关总是处于闭合状态

闭合

有物体遮挡时，开关处于断开状态

断开

图2-34　接近开关常开点和常闭点说明

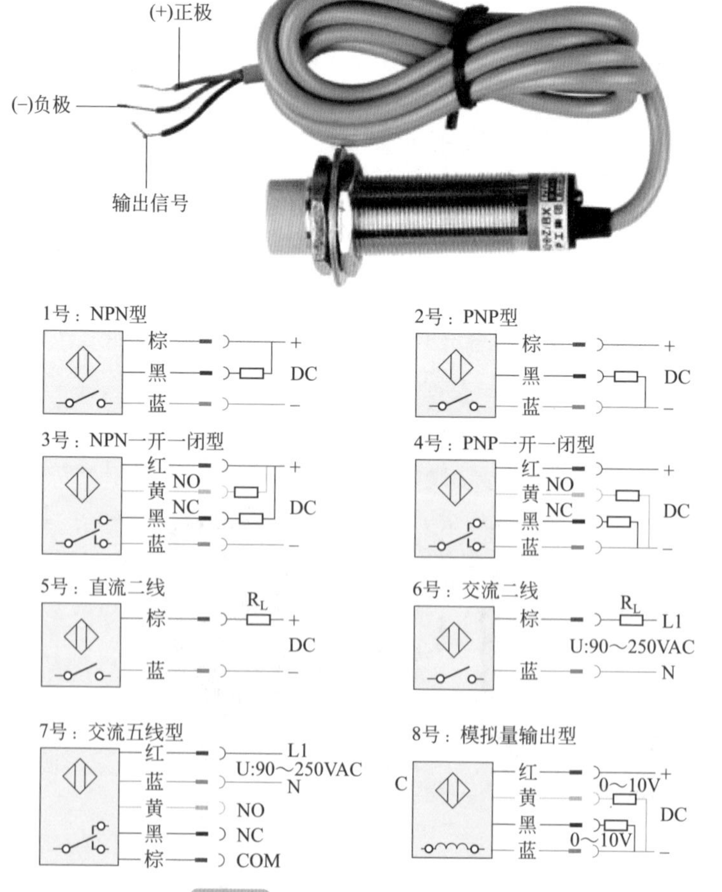

图2-35　电感式接近开关接线

十六　电压表和电流表（图2-36～图2-38）

电压表是测量电压的一种仪器。直流电压表的符号为V下加一个“_”，交流电压表的符号是在V下加一个波浪线“～”。

电流表是指用来测量交、直流电路中电流的仪表。在电路图中，电流表的符号为“Ⓐ”。电流值以“安”或“A”为标准单位。

(a) 指针式电压表

(b) 指针式电流表

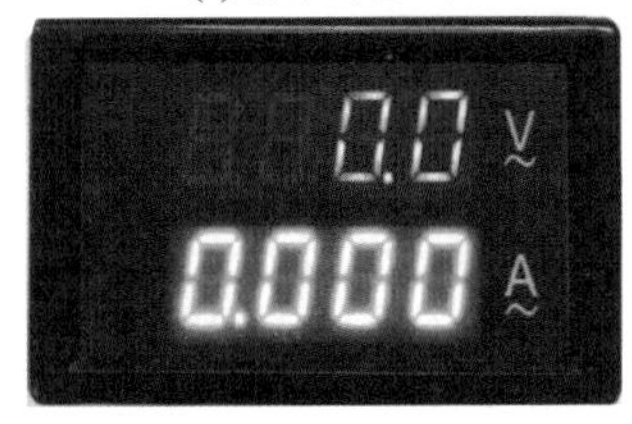

(c) 数字式电压电流双显表

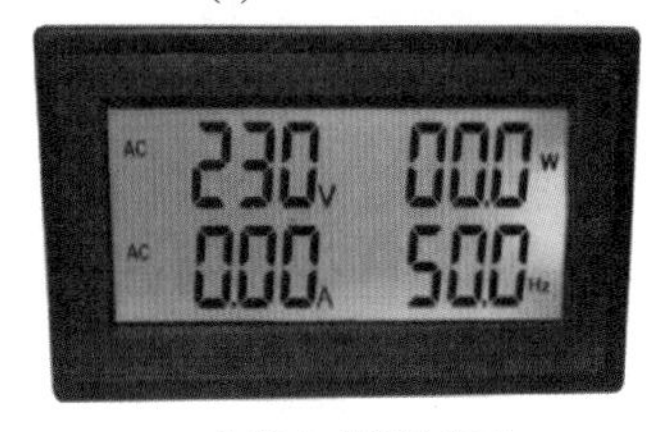

(d) 交流多功能数字表
(电压表/电流表/功率表/频率表)

图2-36　电压表和电流表及多功能数字表的外形

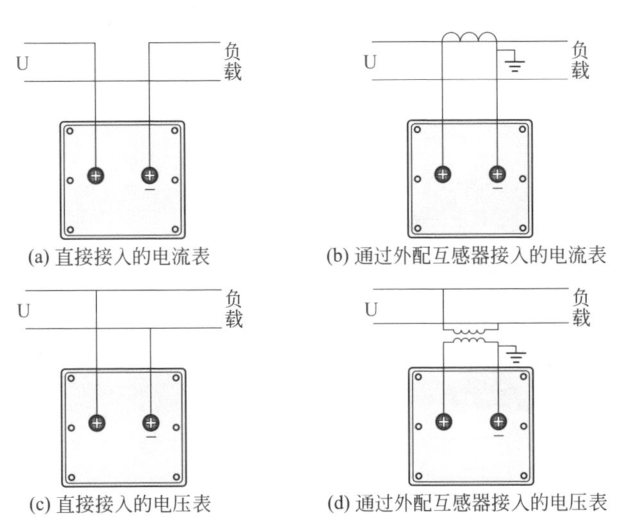

(a) 直接接入的电流表　(b) 通过外配互感器接入的电流表

(c) 直接接入的电压表　(d) 通过外配互感器接入的电压表

图2-37　指针式42L6电压表、电流表接线示意图

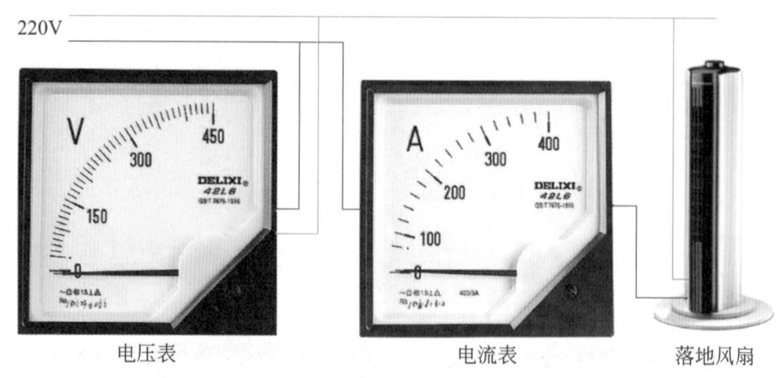

图2-38 指针式42L6电压表、电流表直接接线实物图

十七 互感器

1.互感器工作原理（图2-39）

(a) JDZ电压互感器 (b) JDG电压互感器 (c) LMZJ1电流互感器 (d) 开口式电流互感器

图2-39 常用电压互感器和电流互感器

互感器是电流互感器和电压互感器的统称，作用是能将高电压变成低电压，大电流变成小电流，用于测量或保护系统。其功能主要是将高电压或大电流按比例变换成标准低电压（100V）或标准小电流（5A 或 1A，均指额定值），以便实现测量仪表、保护设备及自动控制设备的标准化、小型化。同时互感器还可用来隔开高电压系统，以保证人身和设备的安全。

2. 互感器分类

① 电压互感器按照用途分类。

• 测量用电压互感器或电压互感器的测量绕组：在正常电压范围内，向测量、计量装置提供电网电压信息；

• 保护用电压互感器或电压互感器的保护绕组：在电网故障状态下，向继电保护等装置提供电网故障电压信息。

② 电流互感器按照用途分类。

• 测量用电流互感器（或电流互感器的测量绕组）：在正常工作电流范围内，向测量、计量等装置提供电网的电流信息；

• 保护用电流互感器（或电流互感器的保护绕组）：在电网故障状态下，向继电保护等装置提供电网故障电流信息。

3. 电流互感器接线（图2-40和图2-41）

图2-40　穿心式电流互感器一匝接线

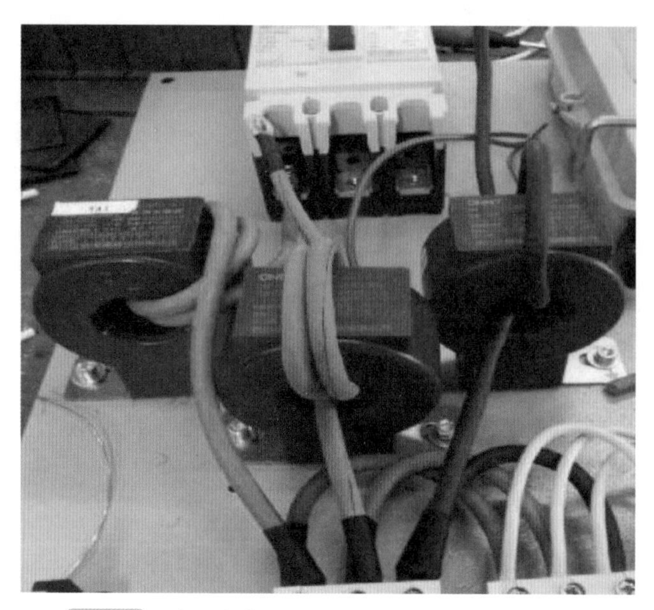

图2-41　穿心式电流互感器一匝、二匝、三匝接线

第三章

照明电路及检修

一 日光灯连接电路（图3-1和图3-2）

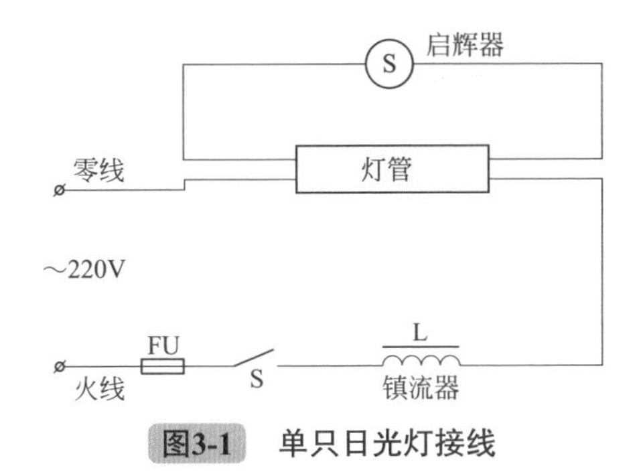

图3-1 单只日光灯接线

日光灯布线

日光灯电路

日光灯接线

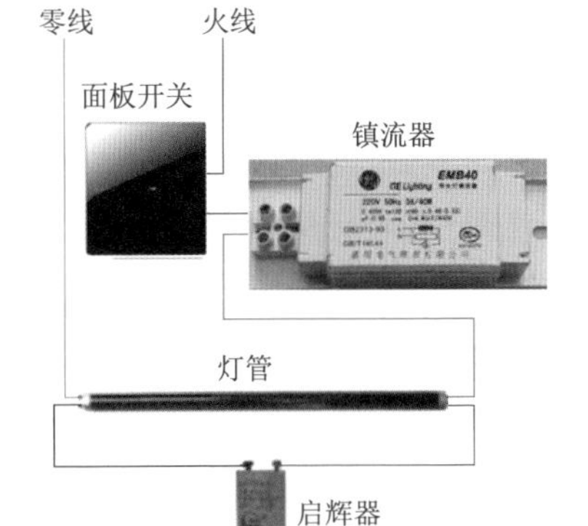

(a) 带启辉器的老式日光灯

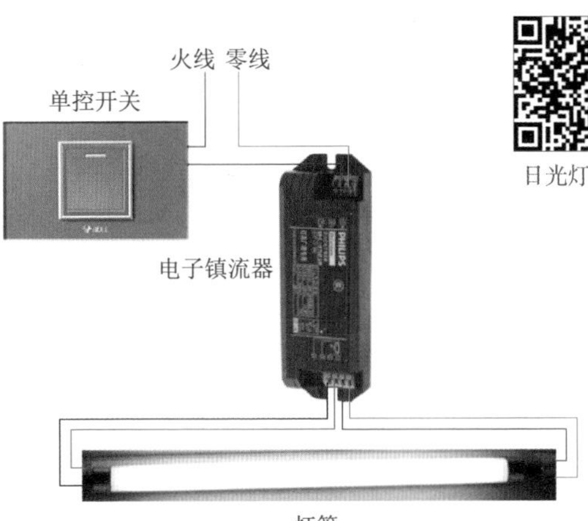

(b) 电子镇流器日光灯

图3-2 日光灯电路接线

安装时开关 S 应控制日光灯火线，并且应接在镇流器一端。零线直接接日光灯另一端。日光灯启辉器并接在灯管两端即可。安装时，镇流器、启辉器必须与电源电压、灯管功率相配套。

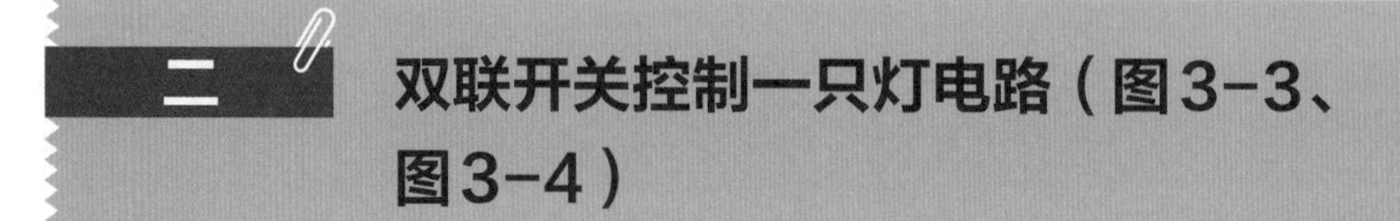

二 双联开关控制一只灯电路（图3-3、图3-4）

双控开关电路

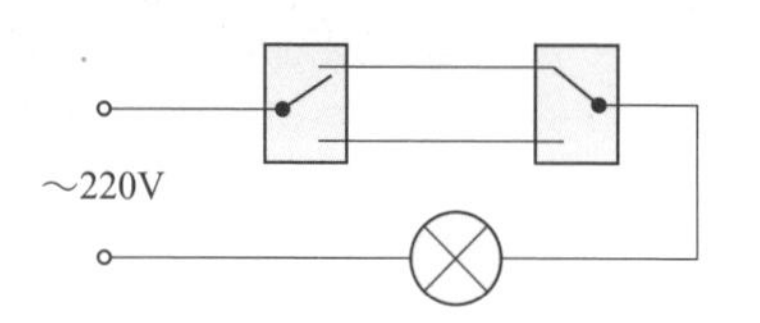

图3-3 双联开关控制白炽灯接线原理图

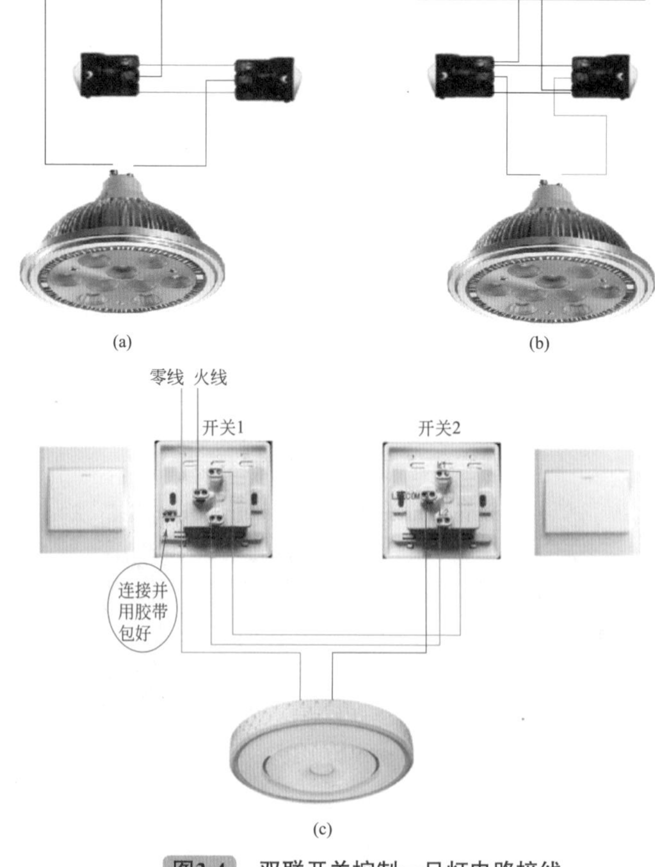

图3-4 双联开关控制一只灯电路接线

三　多开关三地控制照明灯电路（图3-5、图3-6）

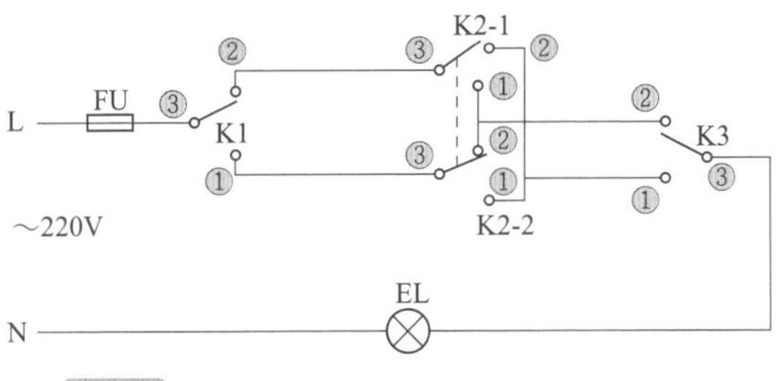

多开关控制电路

图3-5　双联开关三地控制一只白炽灯电路

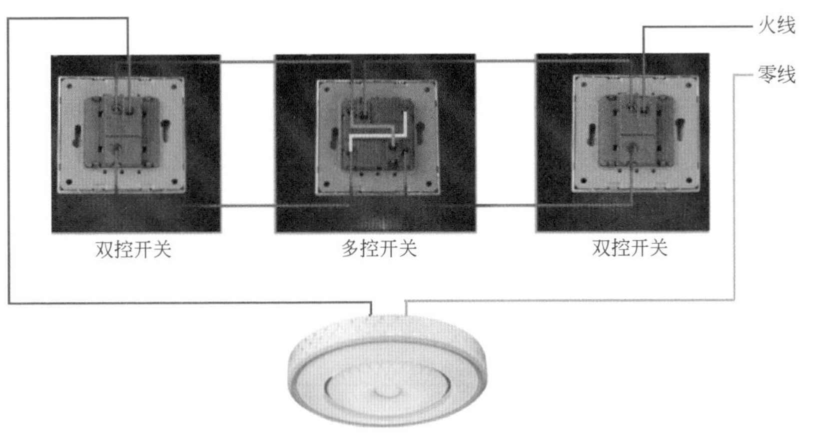

图3-6　多开关三地控制照明灯电路实物接线图

四　多开关多路控制灯电路（图3-7～图3-9）

只要在上述三地控制电路的两位双联开关后面再添一只两位双联开关就可以四地独立控制电路，多地同时独立控制一只灯的电路，可以依据图 3-7 所示的方式类推。图 3-8 所示就是一种五地独立控制五只灯的电路图。这五只灯泡分别设置在五个地方（如 1～5 层楼的楼梯走廊里），K1～K5 开关也分别装在五个地方，这样在任何一个地方都可以控制这五只灯泡的亮灭。多开关多路控制楼道灯电路如图 3-9 所示。

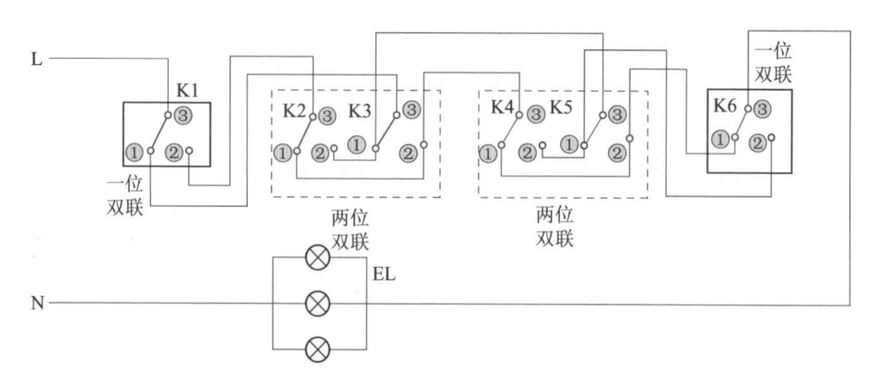

图3-7　四地独立控制三只灯电路

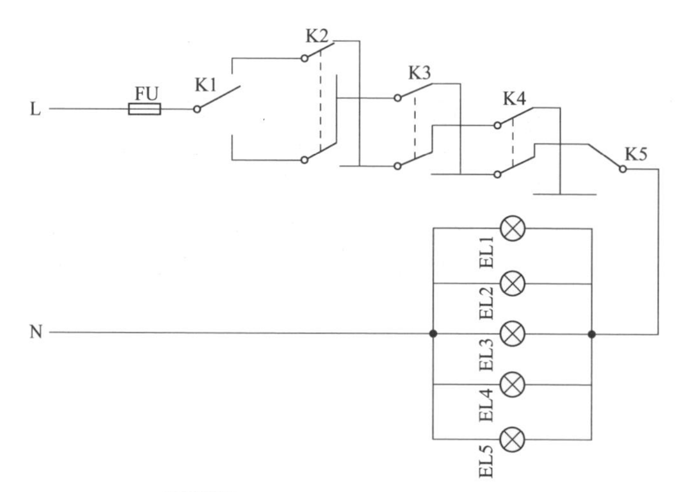

图3-8　五地独立控制五只灯电路

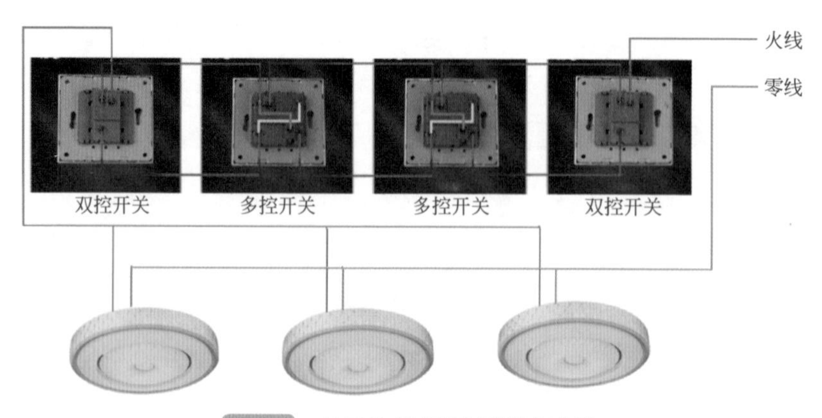

图3-9　多开关多路控制楼道灯电路

五 LED灯供电电路（图3-10）

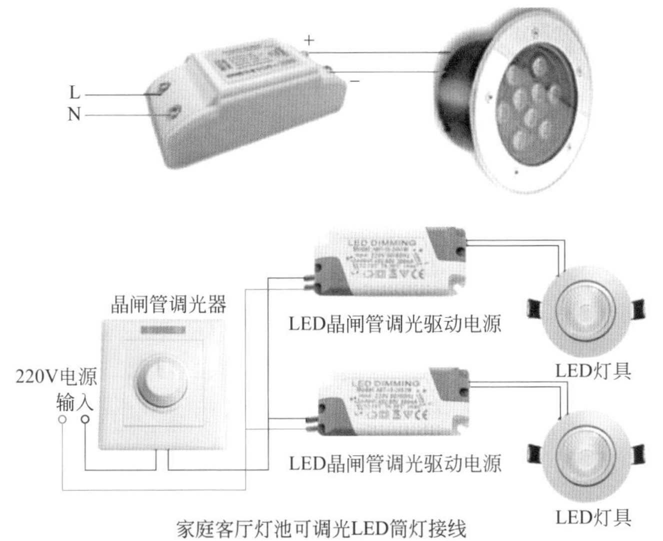

图3-10 由220V交流电供LED灯驱动电路图

六 高压水银灯控制电路（图3-11、图3-12）

高压水银荧光灯应配用瓷质灯座，镇流器的规格必须与荧光灯泡功率一致，灯泡应垂直安装。功率偏大的高压水银灯由于温度高，应装置散热设备。对自镇流水银灯，没有外接镇流器，直接拧到相同规格的瓷灯口上即可。

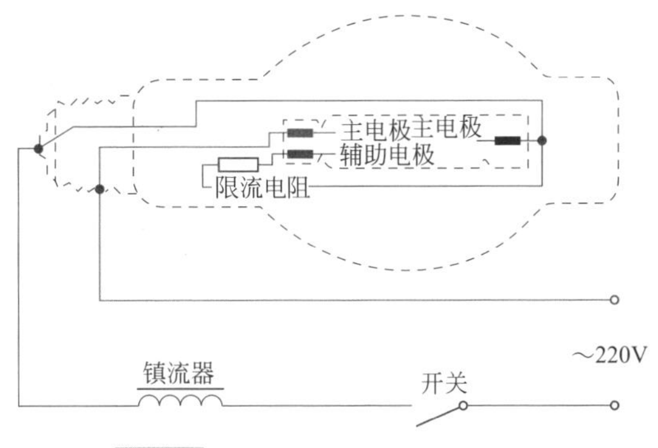

图3-11 高压水银荧光灯的安装图

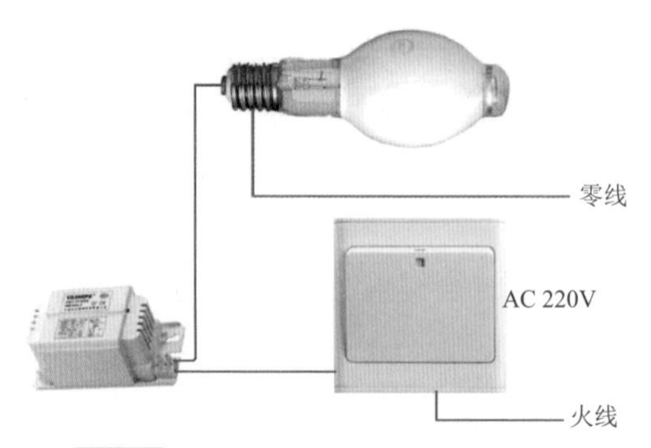

图3-12 高压水银灯控制电路接线组装

七 延时照明控制电路（图3-13、图3-14）

利用时间继电器进行延时，按下电源开关，延时继电器吸合，灯点亮；定时器开始定时，当定时时间到后，继电器断开，灯熄灭。

延时照明灯电路

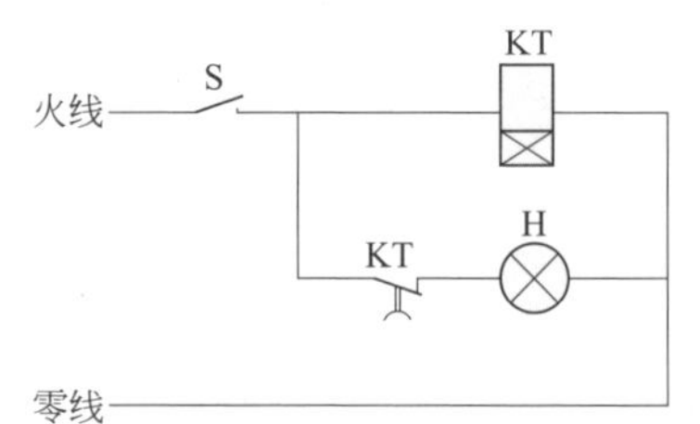

图3-13 延时照明电路

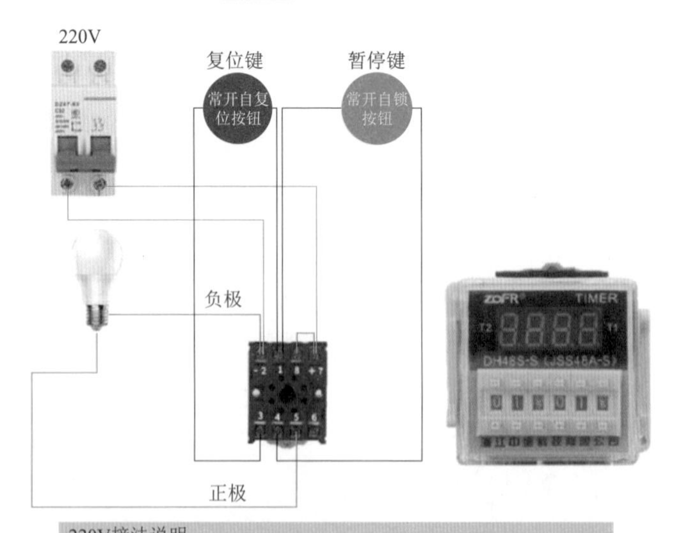

220V接法说明
直流12V/24V输入输出需要分出正负极，220V不分正负极，带复位和暂停键功能的DH48-S时间继电器可以按照上图接线，不需要可以不接

图3-14 延时时间控制开关电路接线

八　声控电路（图3-15）

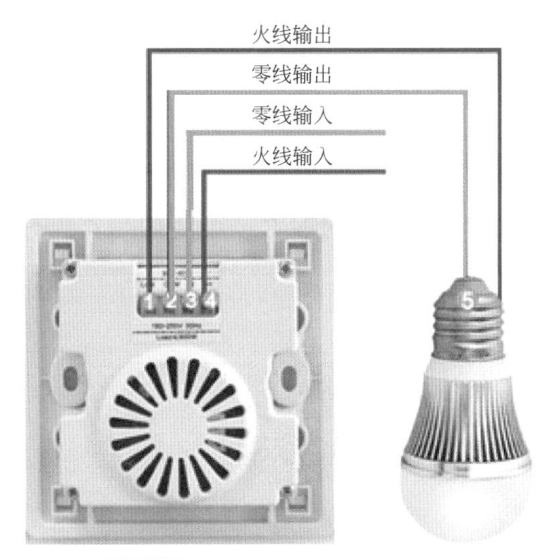

图3-15　声控开关和LED灯接线

九　声光控双联双控开关控制一个负载电路（图3-16）

楼梯上下各安装一个开关，同时控制一盏灯，这样无论上楼还是下楼，楼梯灯都会应声而亮。

声光控开关应用

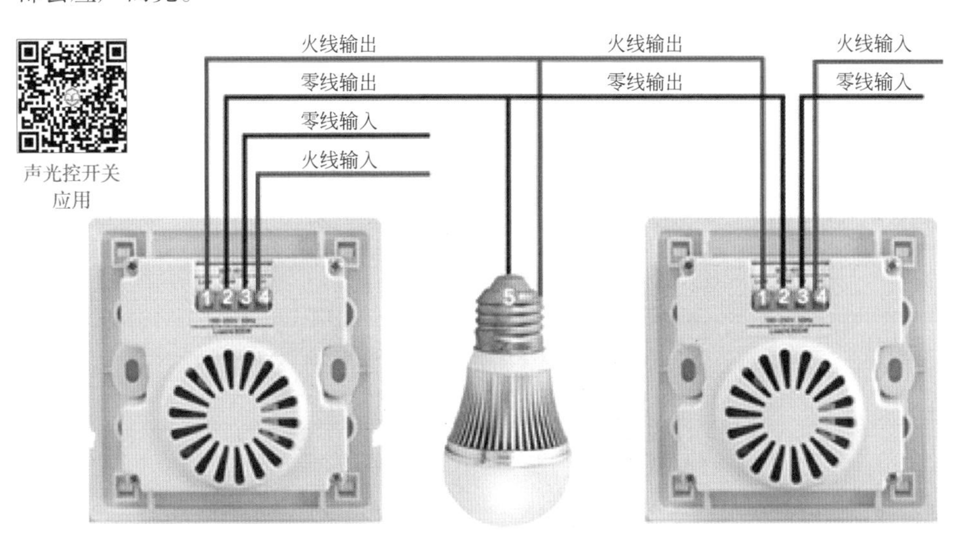

图3-16　双联双控开关控制一盏灯接线

十　光控电路（图3-17、图3-18）

晶闸管VS构成照明灯H的主回路，控制回路由二极管VD和电阻R、光敏电阻RG组成的分压器构成。VD的作用是为控制回路提供直流电源。白天自然光线较强，RG呈现低电阻，它与R分压的结果使VS的门极处于低电平，则VS关断，灯H不亮；夜幕降临时，照射在RG上的自然光线较弱，RG呈现高电阻，故使VS的门极呈高电平，VS得到正向触发电压而导通，灯H点亮。改变R的阻值，即改变了它与RG的分压比，故可以调整电路的起控点，使H在合适的光照度下点亮发光。

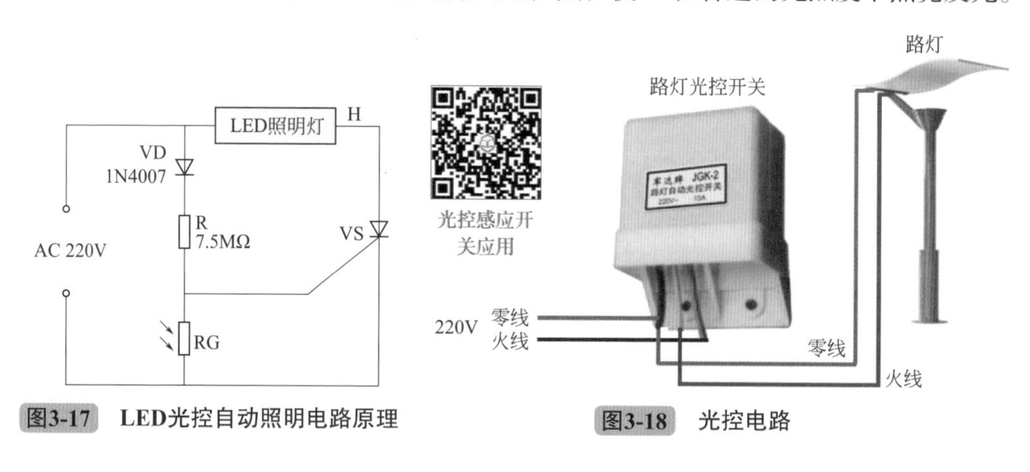

图3-17　LED光控自动照明电路原理

图3-18　光控电路

十一　一开五孔插座接线（图3-19）

一开五孔插座可以开关控制插座，也可以开关控制一个灯，插座常通电。

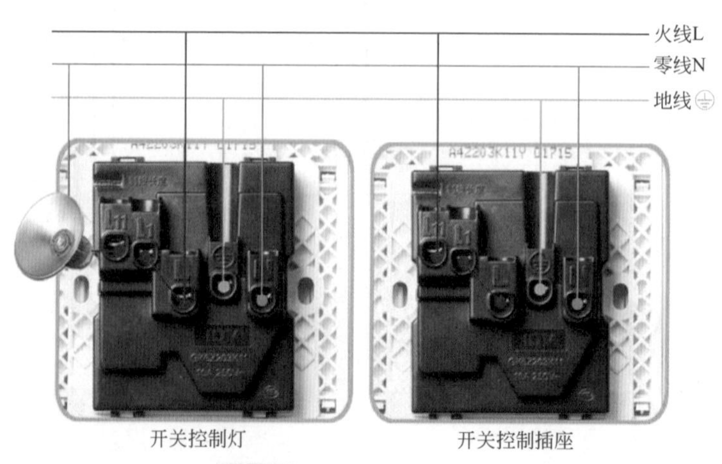

图3-19　一开五孔插座接线

十二 一开单控、二开或三开单控连体、一开双控、一开多控面板开关接线（图3-20）

面板控制开关接线原则是火线接 L，控制线接 L1、L2、L3 等。

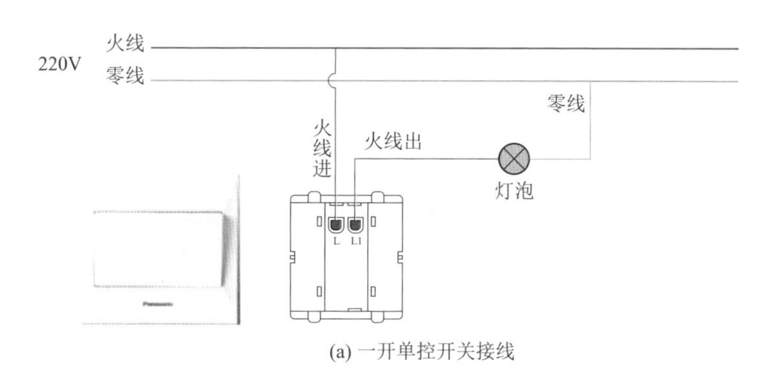

(a) 一开单控开关接线

带开关插座安装

单联插座安装

多联插座安装

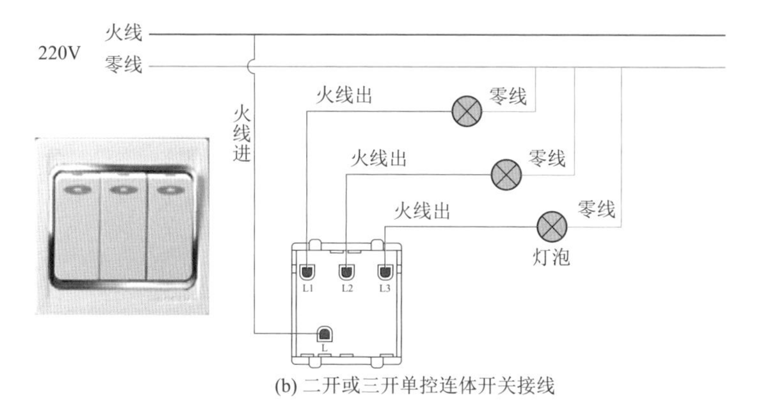

(b) 二开或三开单控连体开关接线

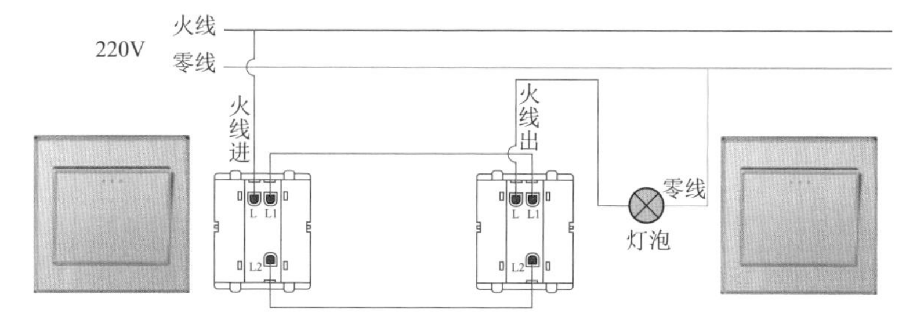

(c) 一开双控开关接线

图3-20

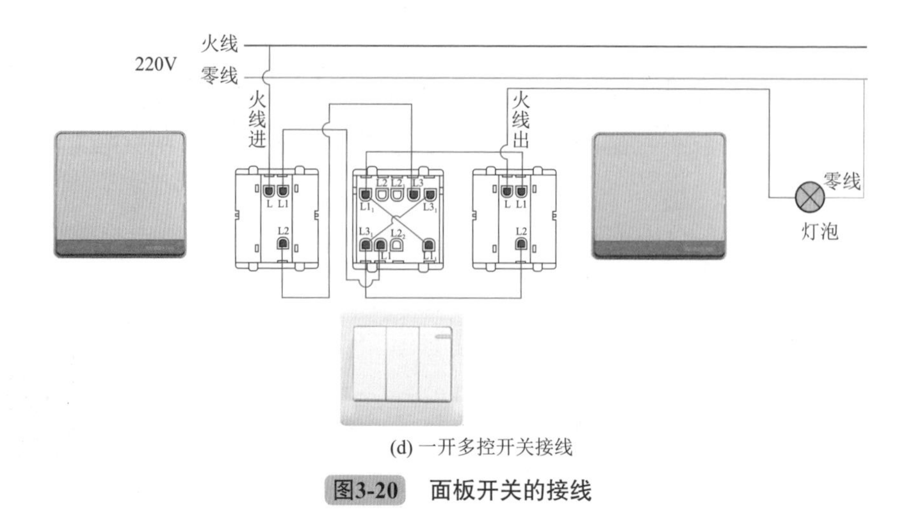

(d) 一开多控开关接线

图3-20　面板开关的接线

十三　单路照明双路互备控制电路（图3-21、图3-22）

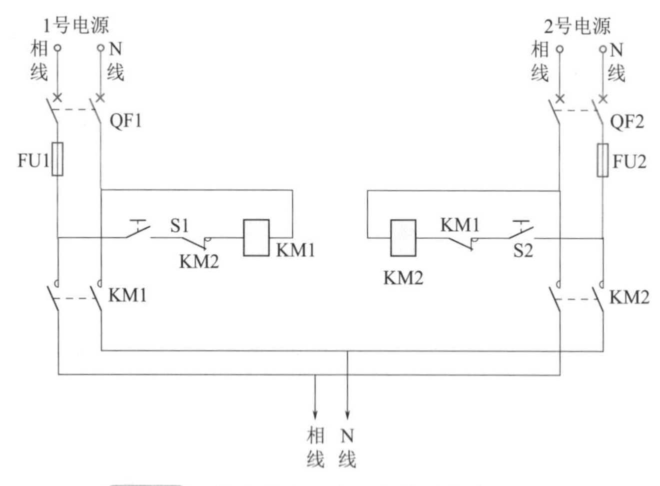

图3-21　单路照明双路互备控制电路原理图

当1号电源无故停电时，备用电源能自动投入。接通QF1、QF2，电路准备供电，S1、S2为小型开关，KM1、KM2为交流接触器。工作时，先合上开关S1，交流接触器KM1吸合，由1号电源供电。然后合上开关S2，因KM1与KM2互锁，此时KM2不会吸合，2号电源处于备用状态。如果1号电源因故断电，交流接触器KM1释放，其常闭触点闭合，接通KM2线圈电路，KM2吸合，2号电源投入供电。也可以先合上开关S2，后合上开关S1，使1号电源为备用电源。

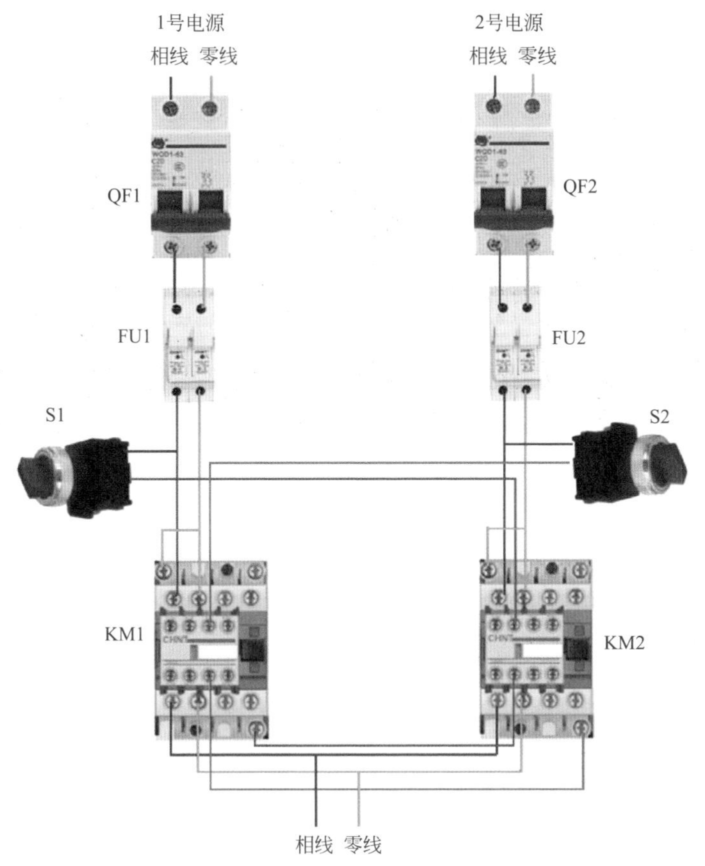

图3-22　单路照明双路互备控制电路接线

时控开关电路和触摸延时灯感应控制可控硅电路可扫二维码看视频学习。

时控开关电路

延时灯感应控制电路

第四章

常用配电线路识读

一　配电箱与住户内配电电路（图4-1～图4-4）

住户配电分为户内配电与户外配电，配电方式有多种，可以根据房间单独配电（小户型常使用此方法，即一个房间使用一个漏电空开），也可以根据所带负载用途进行配电（大户型多使用此法，尤其是空调器，一般都是单独供电）。图4-1所示为按照房间配电接线图。户外的电能表通过QF加到室内，由于现在大多数使用过流型的保险，这个室内配电箱FU可以不用。该内部布线按房间来单独配线，户内客厅、卧室、洗手间的配线单独设置电路。当电路出现故障时，可以单独检修各居室。

在实际接线时应注意空开之间的线不能够借用，有些电工为了省事会将一个房间的线路借用给另一房间，这样造成两个空开之间线共用，从而一旦使用某个用电器时，会造成跳闸。还需注意，在布局厨房时，一定要多留几个备用插座，后续使用其他电器时更方便，而且厨房的供电所有插座部分最好单走，这样维修起来比较方便。

图4-2所示为按照用途配电接线图，也就是说照明、空调的插座，卫生间、厨房、各卧室的插座都可使用单独的空开，相对来讲，这种按用途布线的方式比较方便、实用。同样在各室布局时，一定要多留几个备用插座，后续使用其他电器时更方便。

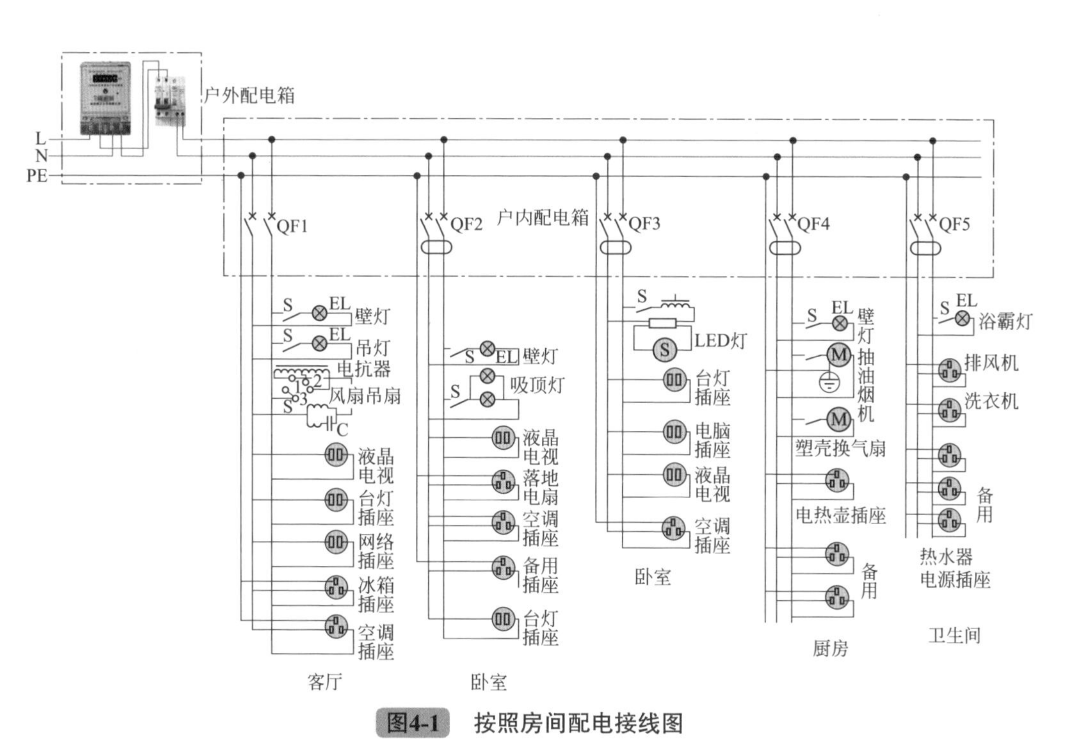

户外配电箱
L
N
PE
户内配电箱
QF1
QF2
QF3
QF4
QF5
S EL 壁灯
S EL 吊灯
电抗器
风扇吊扇
C
液晶电视
台灯插座
网络插座
冰箱插座
空调插座
客厅
S EL 壁灯
S 吸顶灯
液晶电视
落地电扇
空调插座
备用插座
台灯插座
卧室
S LED灯
台灯插座
电脑插座
液晶电视
空调插座
卧室
S EL 壁灯
抽油烟机
塑壳换气扇
电热壶插座
备用
厨房
S EL 浴霸灯
排风机
洗衣机
备用
热水器电源插座
卫生间

图4-1 按照房间配电接线图

家居布线与检修

户外配电箱
L
N
PE
QF
QF1
QF2
QF3
QF4
QF5
QF6
QF7
QF8
QF9
QF10
QF11
LED灯
吸顶灯
日光灯
三孔插座
五孔插座
七孔插座
卫生间防水
三孔插座
五孔插座
16A空调器
专用插座
各房间照明1
各房间照明2
各房间插座1
各房间插座2
厨房插座
卫生间插座
客厅空调器
卧室空调器
卧室空调器
卧室空调器
卧室空调器

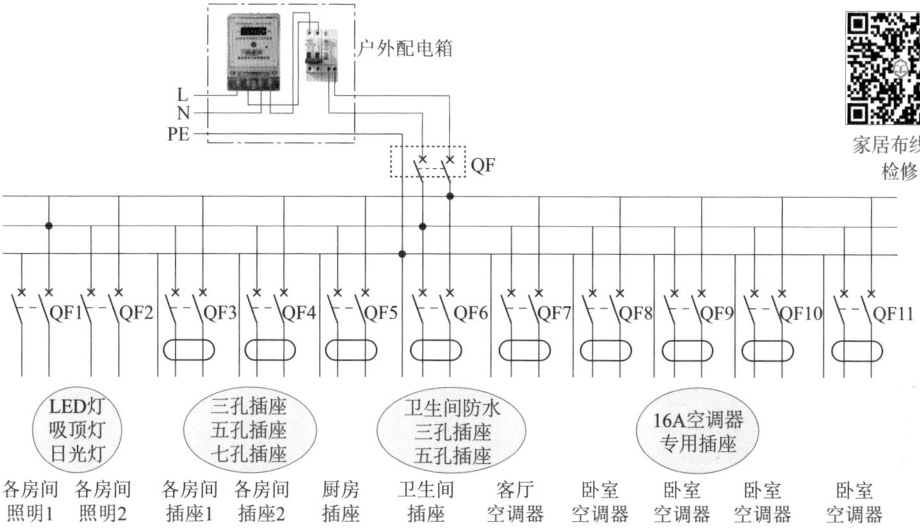

图4-2 按照用途配电接线图

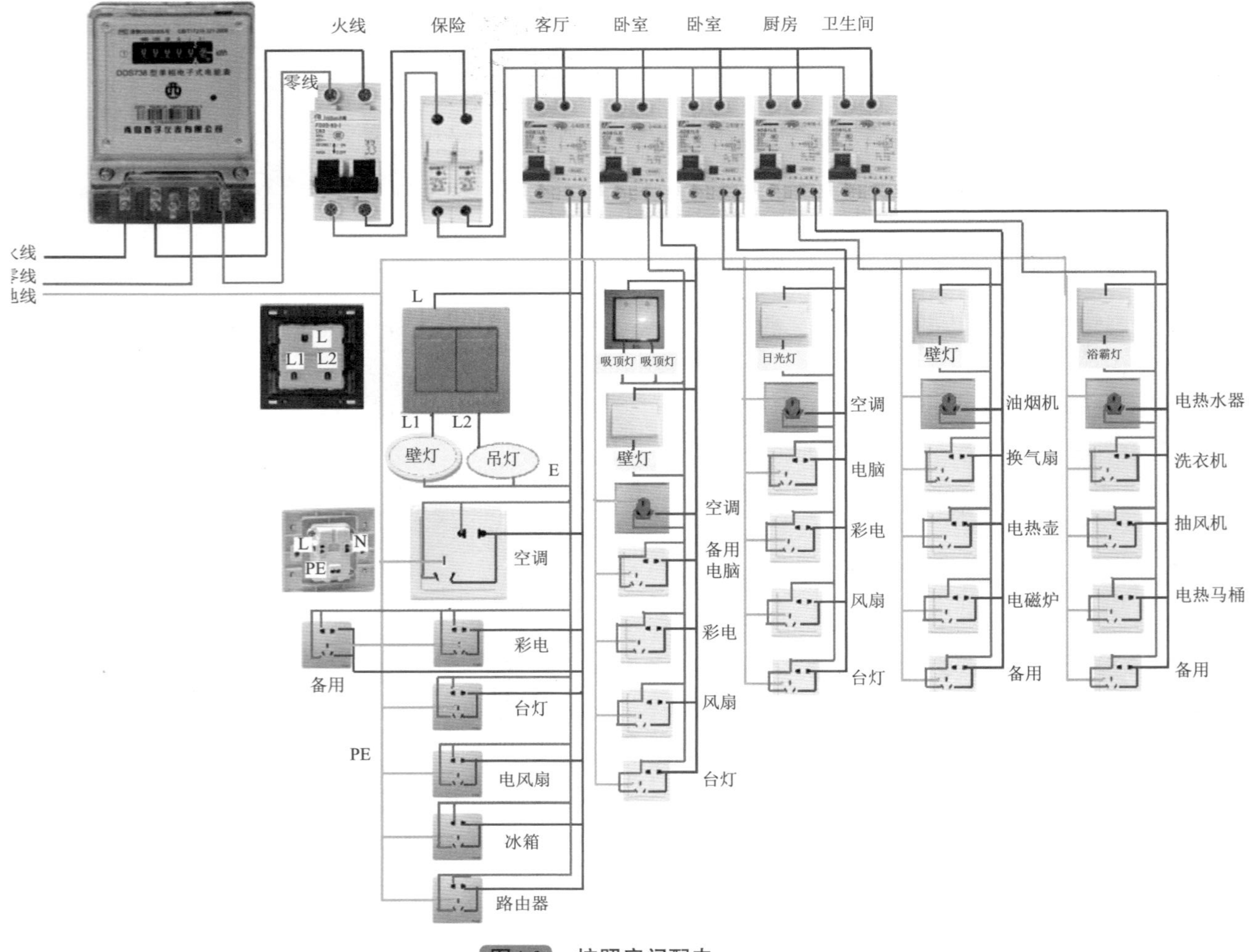

火线
保险
客厅
卧室
卧室
厨房
卫生间
零线
L
L1
L2
壁灯
吊灯
E
L
N
PE
空调
彩电
备用
台灯
PE
电风扇
冰箱
路由器
吸顶灯
吸顶灯
壁灯
空调
备用
电脑
彩电
风扇
台灯
日光灯
空调
电脑
彩电
风扇
台灯
壁灯
油烟机
换气扇
电热壶
电磁炉
备用
浴霸灯
电热水器
洗衣机
抽风机
电热马桶
备用

图4-3　按照房间配电

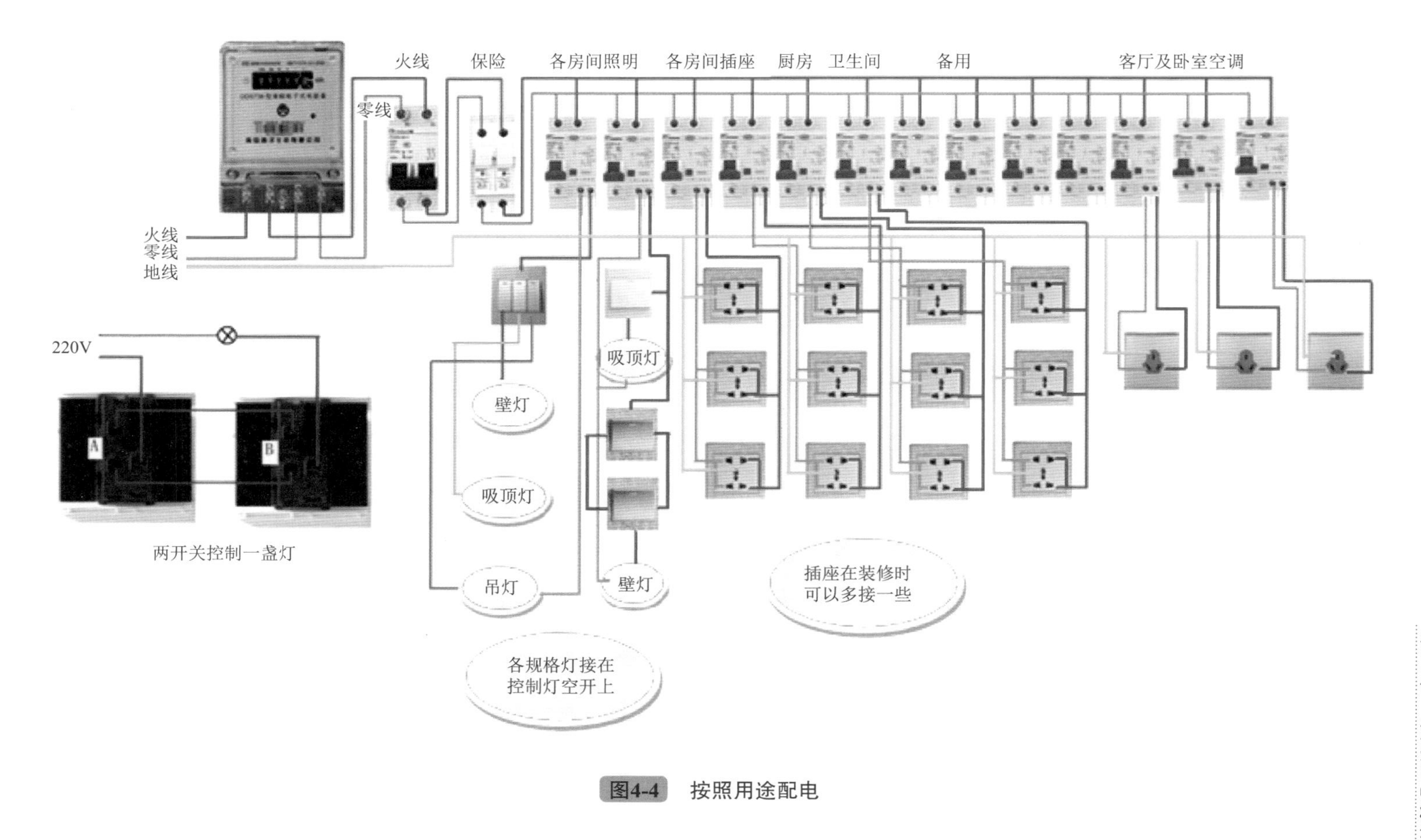
火线
保险
各房间照明
各房间插座
厨房
卫生间
备用
客厅及卧室空调
零线
火线
零线
地线
220V
两开关控制一盏灯
壁灯
吸顶灯
吊灯
吸顶灯
壁灯
插座在装修时
可以多接一些
各规格灯接在
控制灯空开上

图4-4　按照用途配电

二 单相电度表与漏电保护器的接线电路（图4-5和图4-6）

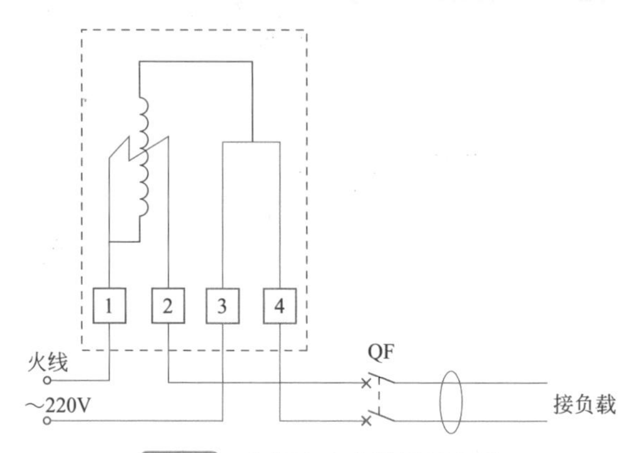

图4-5 单相电度表接线示意图

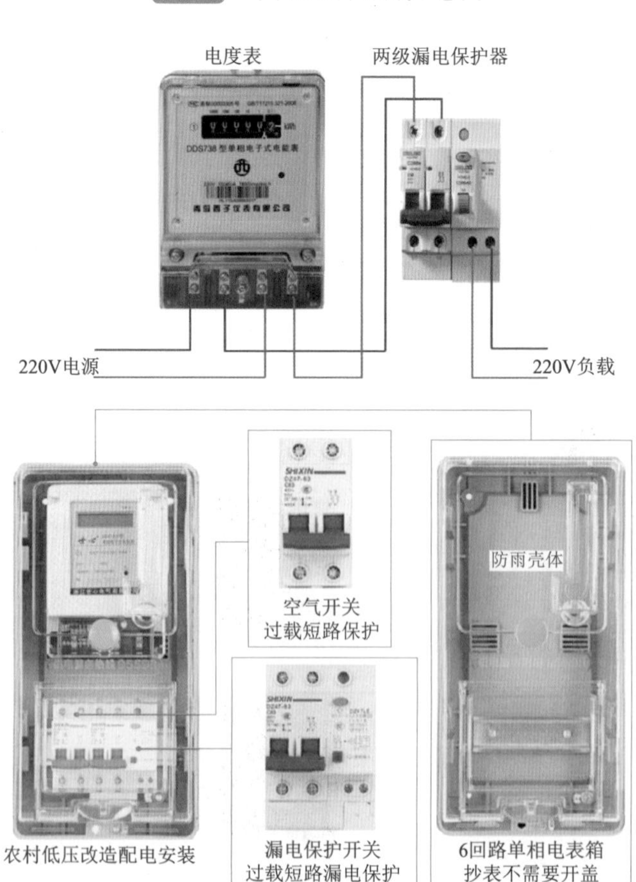

图4-6 单相电度表与漏电保护器的接线电路

选好单相电度表后，应检查安装和接线。如图 4-5 所示，1、3 为进线，2、4 接负载，接线柱 1 要接相线（即火线），漏电保护器多接在电度表后端，这种电度表接线目前在我国应用最多。

三 三相四线制交流电度表的接线电路（图4-7和图4-8）

三相四线制交流电度表共有 11 个接线端子，其中 1、4、7 端子分别接电源相线，3、6、9 是相线出线端子，10、11 分别是中性线（零线）进、出线接线端子，而 2、5、8 为电度表三个电压线圈接线端子，电度表电源接上后，通过连接片分别接入电度表三个电压线圈，电度表才能正常工作。

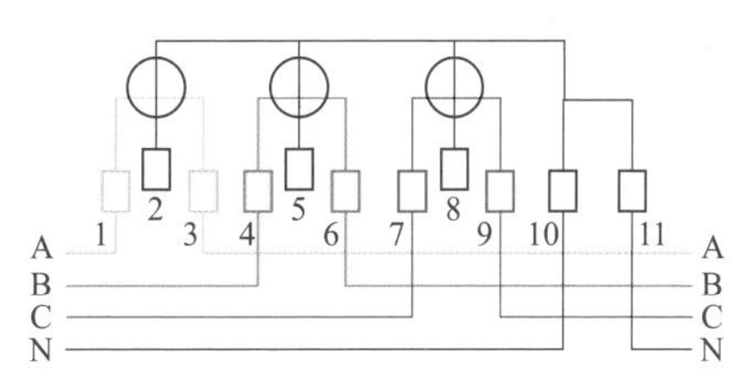

图4-7 三相四线制交流电度表的接线示意图

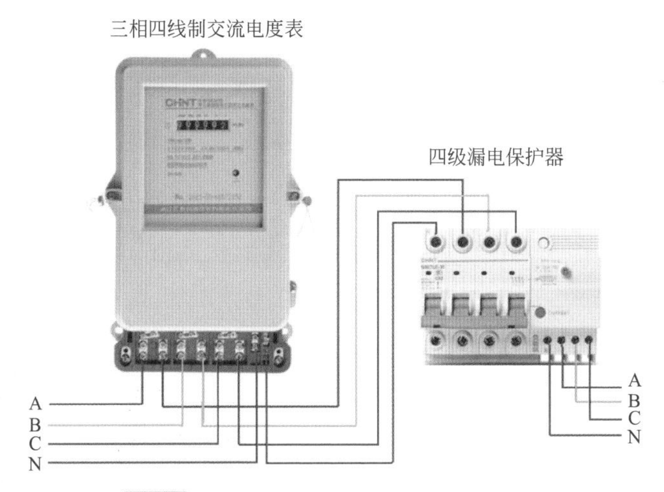

图4-8 三相四线制交流电度表的接线电路

四 三相三线制交流电度表的接线电路（图4-9和图4-10）

三相三线制交流电度表有 8 个接线端子，其中 1、4、6 为相线进线端子，3、5、8 为出线端子，2、7 两个接线端子空着，目的是与接入的电源相线通过连接片取到电度表工作电压并接入电度表电压线圈。图 4-9 为三相三线制交流电度表接线示意图。

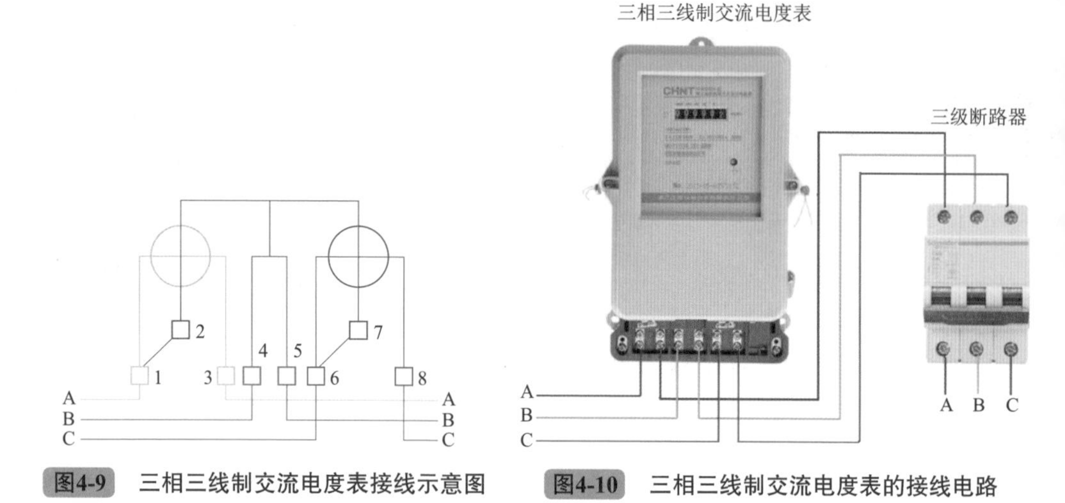

图4-9 三相三线制交流电度表接线示意图

图4-10 三相三线制交流电度表的接线电路

五 单相电度表计量三相电的接线电路（图4-11和图4-12）

单相电度表接线图如图 4-11 所示。火线 1 进 2 出接电压线圈，零线 3 进 4 出。在理解了单相电度表的接线原理及接线方法后，三相电用三个单相电度表计量的接线问题也就迎刃而解了，也就是每一相按照单相电度表接线方法接入即可。

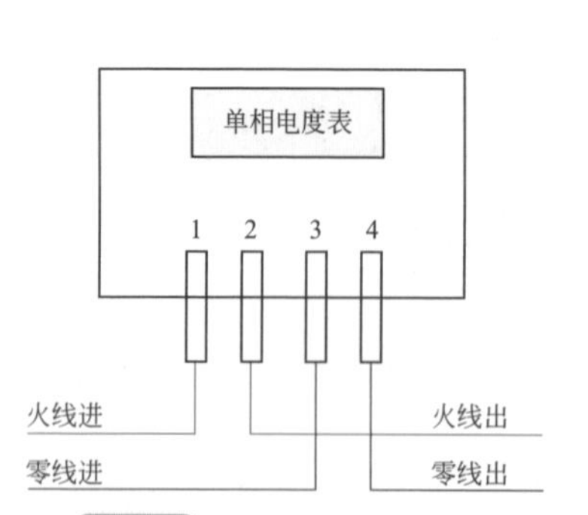

图4-11 单相电度表接线图

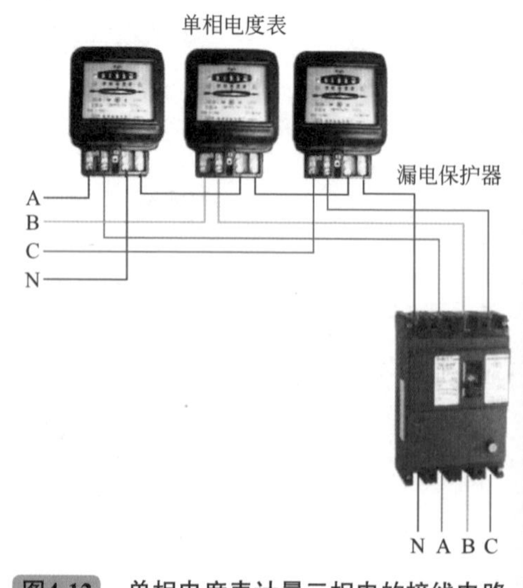

图4-12 单相电度表计量三相电的接线电路

六　带互感器的电度表接线电路（图4-13和图4-14）

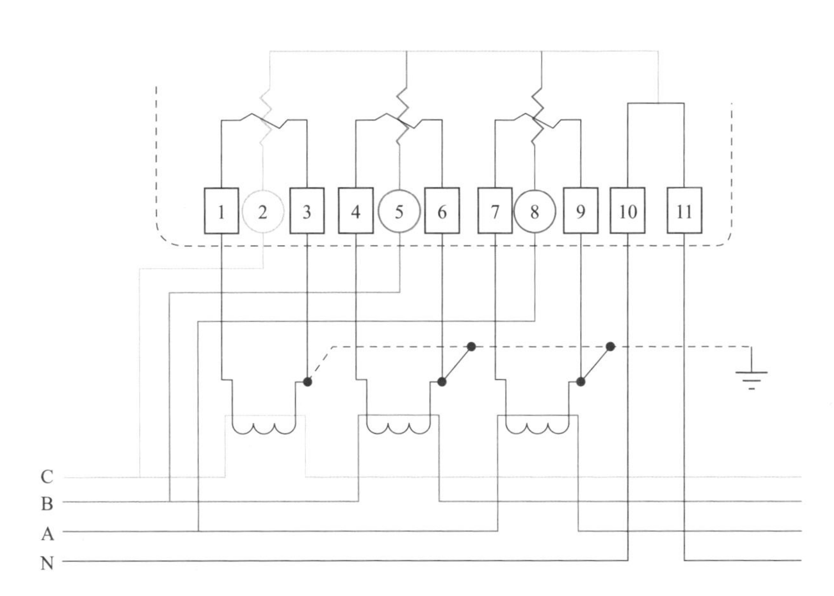

图4-13　带互感器三相四线制电度表接线

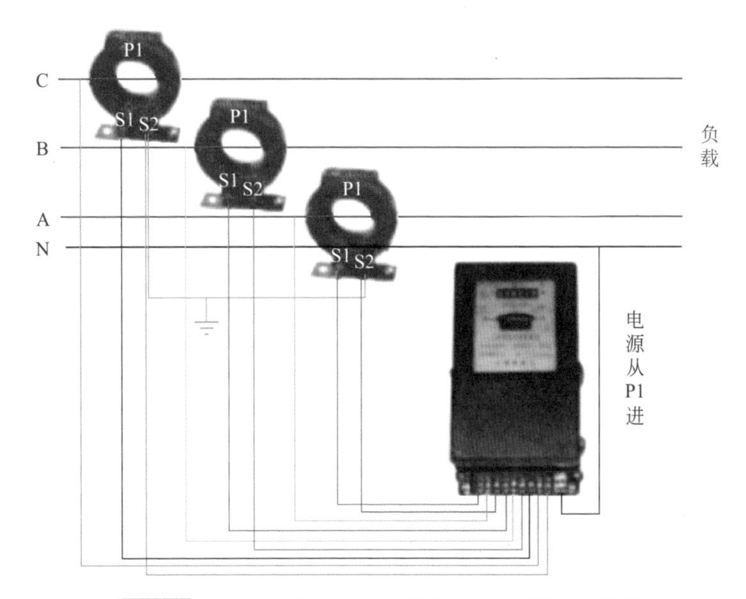

图4-14　带互感器的三相四线制电度表接线组装图

带互感器的三相四线制电度表由一块三相电度表配用三只规格相同、比值适当的电流互感器，以扩大电度表量程。

三相四线制电度表带互感器的接法：三只互感器安装在断路器负载侧，三相火线从互感器穿过。互感器和电度表的接线如下：1、4、7为电流进线，依次接互感器C、B、A相电互感器的S1。3、6、9为电流出线，依次接互感器C、B、A相电互感器的S2并接地。2、5、8为电压接线，依次接C、B、A相电。10、11端子接零线。接线口诀是：电度表孔号2、5、8分别接C、B、A三相电源，1、3接C相互感器，4、6接B相互感器，7、9接A相互感器，10、11接零线。

三相电度表中如1、2、4、5、7、8接线端子之间有连接片时，应事先将连接片拆除。

七 智能插卡式预付费电度表（图4-15～图4-17）

智能插卡电度表实现了先交钱后用电的用电方式，一电表一张卡，提前实现电费的资金回笼，提高了物业的工作效率，也提高了用户用电的节约性。

预付费电度表在安装时，安装位置应保持垂直，并按接线图接入。

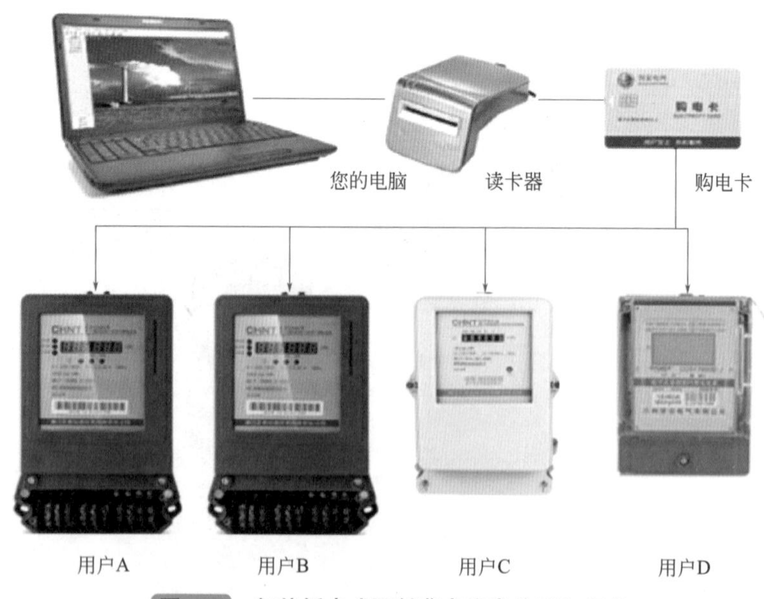

图4-15 智能插卡式预付费电度表外形和组成

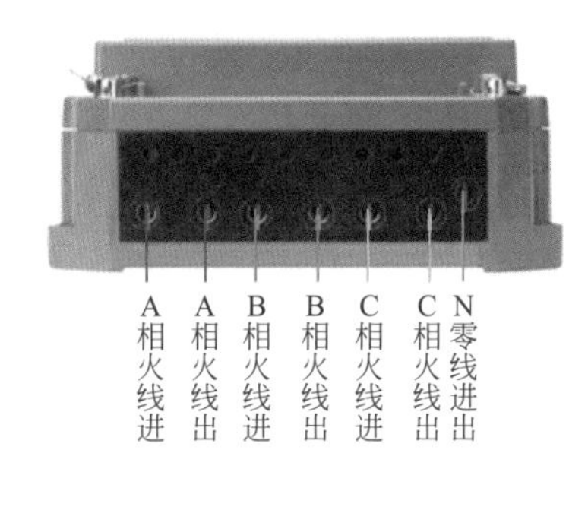

(a) 三相直接接入式插卡电度表接线

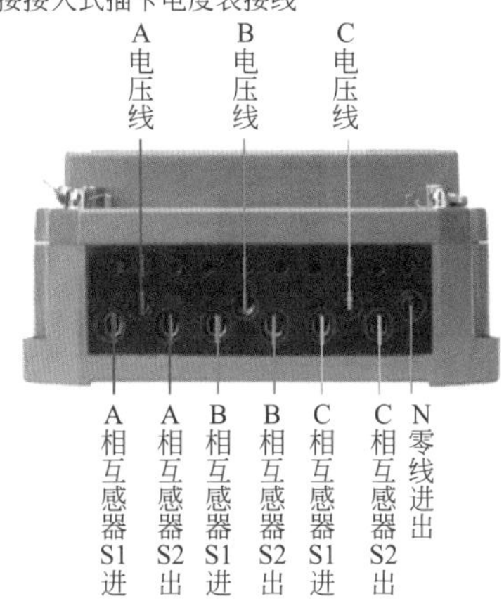

(b) 三相互感式接入式插卡电度表接线

图4-16　插卡式电度表接线

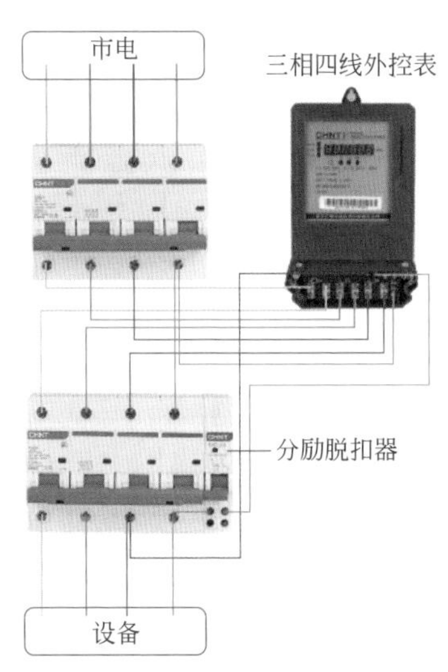

图4-17　分励式脱扣器漏电保护器和外控式三相电度表接线

八 三相四线费控智能电度表（图4-18～图4-20）

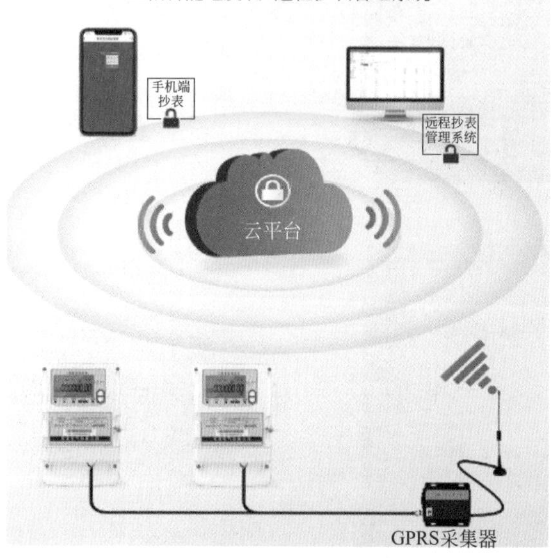

图4-18 三相四线费控智能电度表及远程抄表系统示意图

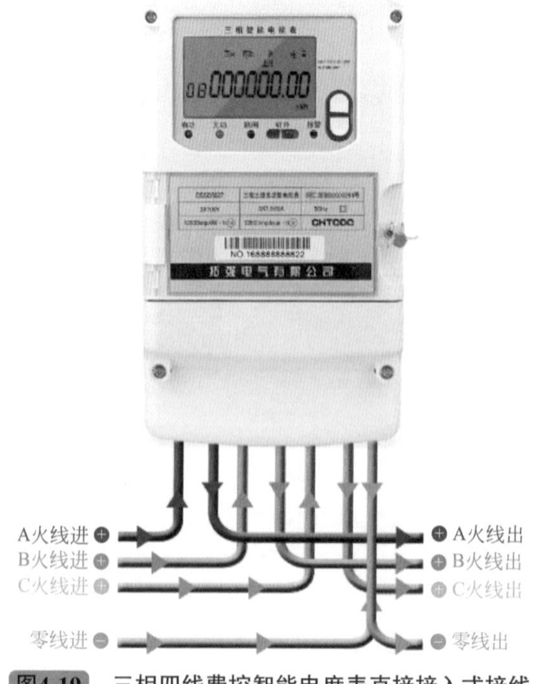

图4-19 三相四线费控智能电度表直接接入式接线

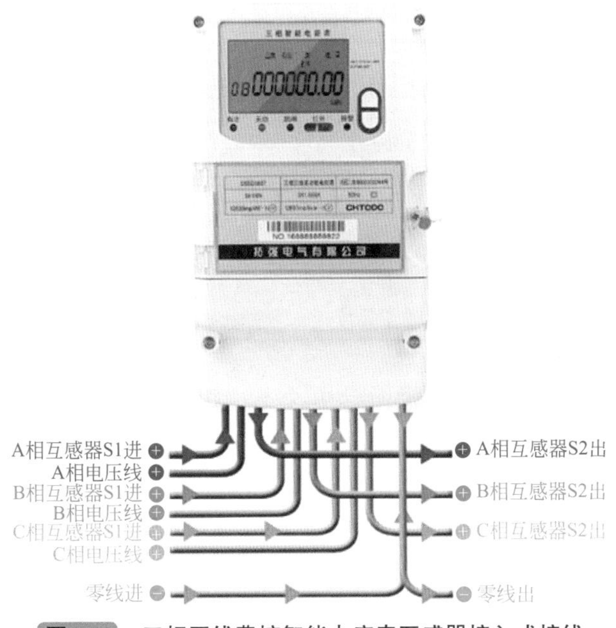

图4-20　三相四线费控智能电度表互感器接入式接线

第五章

电动机控制电路、接线与检修

一 三相电动机点动启动控制电路（图5-1～图5-3）

点动控制电路是电动机控制电路中最常用的电路，主要由按钮开关和交流接触器构成。

当合上空开时，电动机不会启动运转，因为KM线圈未通电，只有按下按钮SB1使线圈KM通电，主电路中的KM主触点闭合，电动机M才可启动。这种只有按下启动按钮电动机才会运转，松开按钮电动机即停转的电路，称为点动控制电路。

点动控制与故障排查

电动机点动控制电路

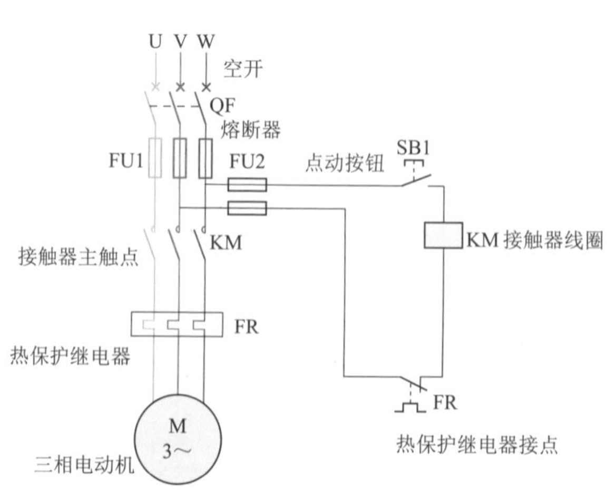

图5-1 三相电动机点动启动控制电路

首先按照电路要求摆放好元器件，电路中元器件布局应考虑实际接线箱，按照实际接线箱安放好元器件位置，按钮开关应放在盒盖上。

在接线时，一般是先把主电路用导线连接起来，然后连接控制电路。

配电盘配接好后，接好电动机即可完成全部配线。

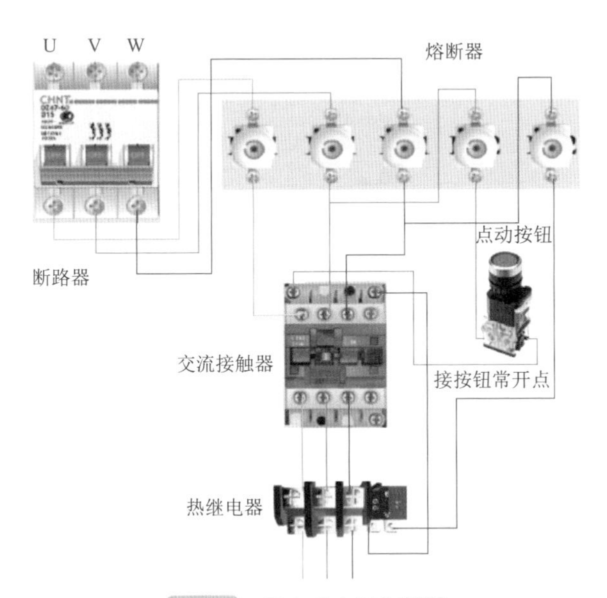

图5-2 配电盘布局与接线

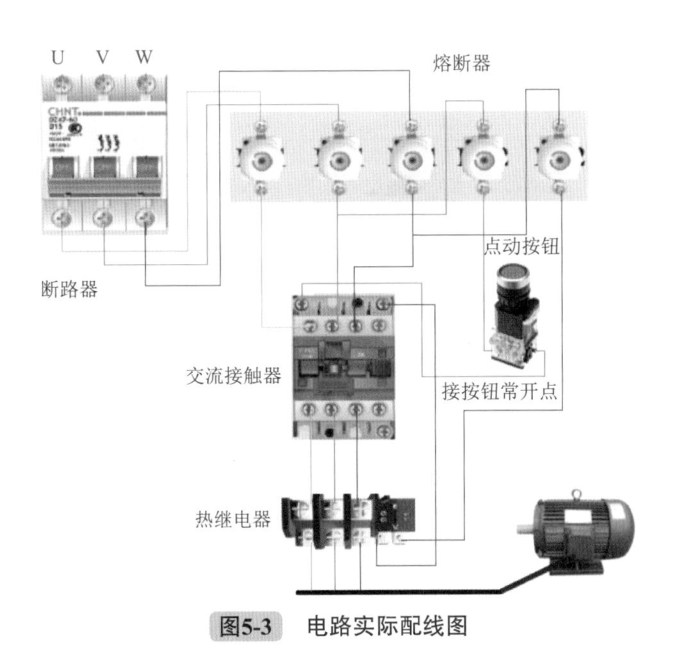

图5-3 电路实际配线图

二 自锁式直接启动控制电路（图5-4和图5-5）

自锁控制与故障排查

自锁式直接启动电路

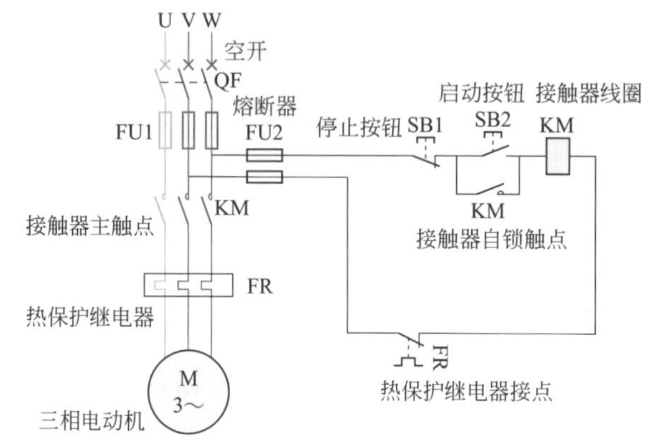

图5-4 自锁式直接启动控制电路原理图

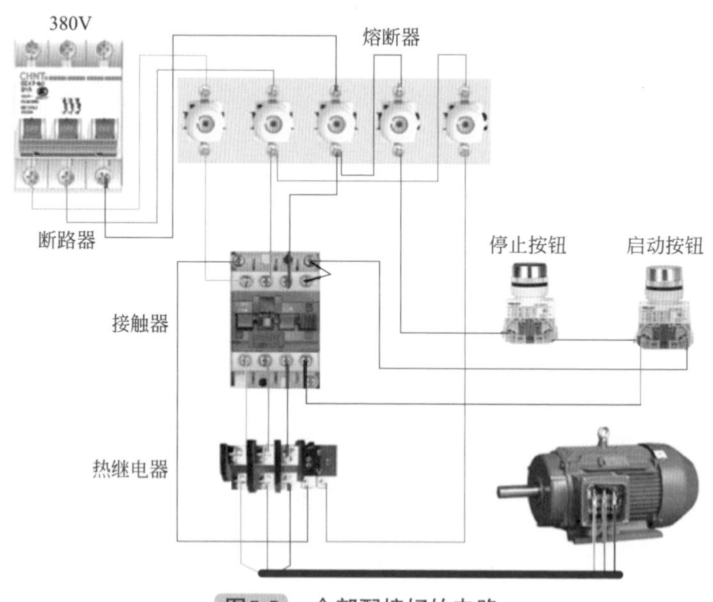

图5-5 全部配接好的电路

工作过程：当按下启动按钮 SB2 时，线圈 KM 通电，主触点闭合，电动机 M 启动运转，当松开按钮时，电动机 M 不会停转，因为这时接触器线圈 KM 可以通过并联 SB2 两端已闭合的辅助触点使 KM 继续维持通电，电动机 M 不会失电，也不会停转。

这种松开按钮而能自行保持线圈通电的控制电路叫做具有自锁功能的接触器控制电路，简称自锁控制电路。

带保护电路的直接启动自锁运行控制电路（图5-6～图5-8）

1.电路原理

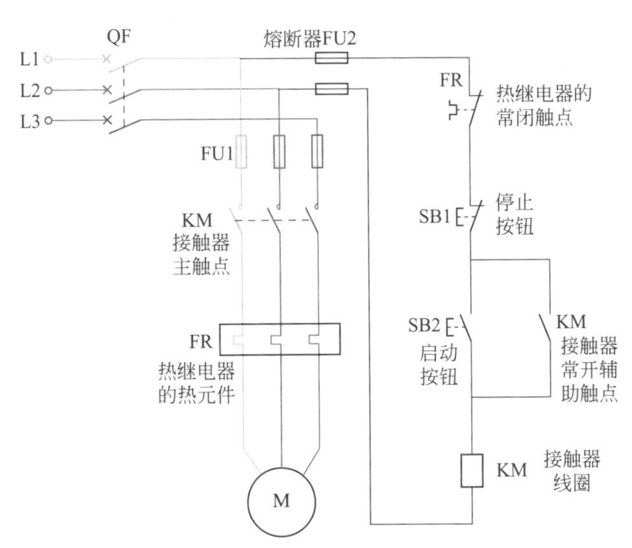

带保护电路的直接启动自锁电路

图5-6　带保护电路的直接启动自锁运行电路

（1）启动

合上空开 QF，按动启动按钮 SB2，KM 线圈得电后常开辅助触点闭合，同时主触点闭合，电动机 M 启动连续运转。

当松开 SB2，其常开触点恢复分断后，因为交流接触器 KM 的常开辅助触点闭合时已将 SB2 短接，控制电路仍保持接通，因此交流接触器 KM 继续得电，电动机 M 实现连续运转。

像这种当松开启动按钮 SB2 后，交流接触器 KM 通过自身常开辅助触点而使线圈保持得电的作用叫做自锁（或自保）。与启动按钮 SB2 并联起自锁作用的常开辅助触点叫做自锁触点（或自保触点）。

（2）停止

按动停止按钮开关 SB1，KM 线圈断电，自锁辅助触点和主触点分断，电动机停止转动。

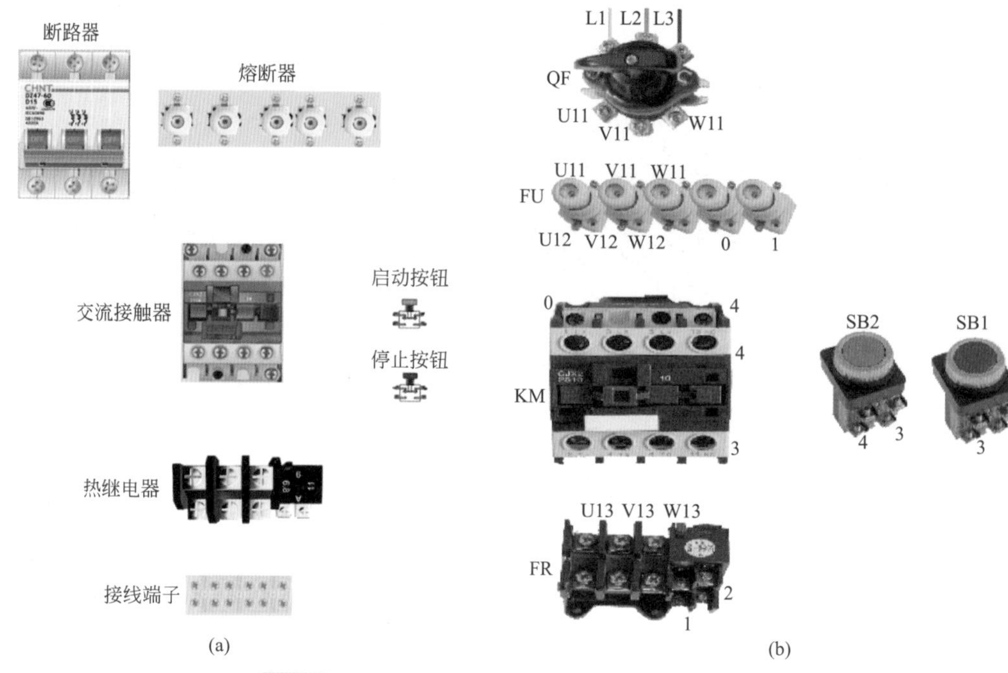

图5-7 电路元器件选取和在配电箱中的不同布局

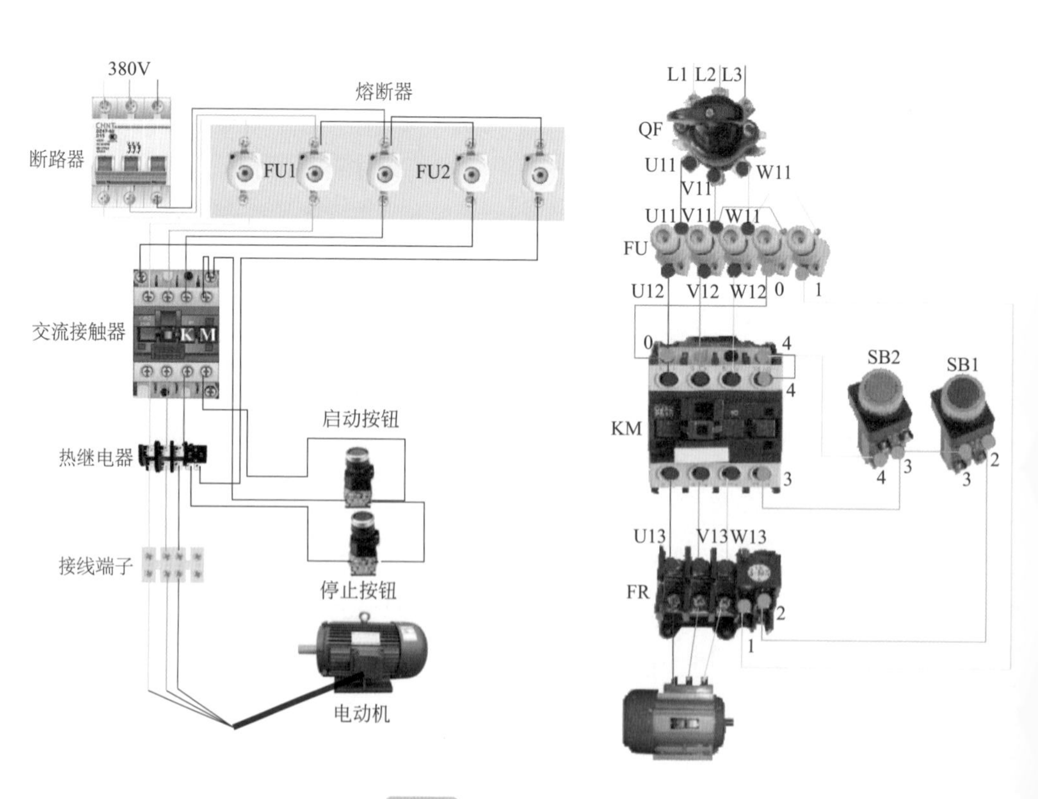

图5-8 电气实际布线图

当松开 SB1，其常闭触点恢复闭合后，因交流接触器 KM 的自锁触点在切断控制电路时已分断，解除了自锁，SB2 也是分断的，因此交流接触器 KM 不能得电，电动机 M 也不会转动。

（3）线路的保护设置

① 短路保护。由熔断器 FU1、FU2 分别实现主电路与控制电路的短路保护。

② 过载保护。电动机在运行过程中，长期负载过大、启动操作频繁或者缺相运行等原因，都可能使电动机定子绕组的电流增大，超过其额定值。在这种情况下，熔断器往往并不熔断，从而引起定子绕组过热使温度升高，若温度超过允许温升就会使绝缘损坏，缩短电动机的使用寿命，严重时甚至会使电动机的定子绕组烧毁。因此，采用热继电器对电动机进行过载保护。过载保护是指电动机出现过载时能自动切断电动机电源、使电动机停转的一种保护。

在照明、电加热等一般电路里，熔断器 FU 既可以用作短路保护，也可以用作过载保护。

但对三相异步电动机控制线路来说，熔断器只能用作短路保护。这是因为三相异步电动机的启动电流很大（全压启动时的启动电流能达到额定电流的 4 ～ 7 倍），若用熔断器作过载保护，则选择熔断器的额定电流就应等于或略大于电动机的额定电流，这样电动机在启动时，由于启动电流大大超过了熔断器的额定电流，熔断器在很短的时间内爆断，造成电动机无法启动，因此熔断器只能用作短路保护，其额定电流应取电动机额定电流的 1.5 ～ 3 倍。

热继电器在三相异步电动机控制线路中只能用作过载保护，不能用作短路保护。这是因为热继电器的热惯性大，即热继电器的双金属片受热膨胀弯曲需要一定的时间。当电动机发生短路时，由于短路电流很大，热继电器还没来得及动作，供电线路和电源设备可能已经损坏；而在电动机启动时，由于启动时间很短，热继电器还未动作，电动机已启动完毕。总之，热继电器与熔断器两者所起作用不同，不能相互代替。

2. 电路接线组装

配电箱的布线

元器件的布局可以根据现场的配电箱确定，或者根据个人习惯排布。

说明 配电箱中的布局是因地制宜的，虽后面章节所讲电路不同，但配电箱布局大同小异，因此，在有限篇幅内为使读者能看到更多内容，后面章节省去器件的不同布局内容。

在实际布线过程中，要求引线尽可能平直，长度适中，如使用线槽走线，尤其是软导线应尽可能装入，这样可以保证线路美观。

四 晶闸管控制软启动（软启动器）控制电路

1. 晶闸管软启动器内部结构和主电路（图5-9）

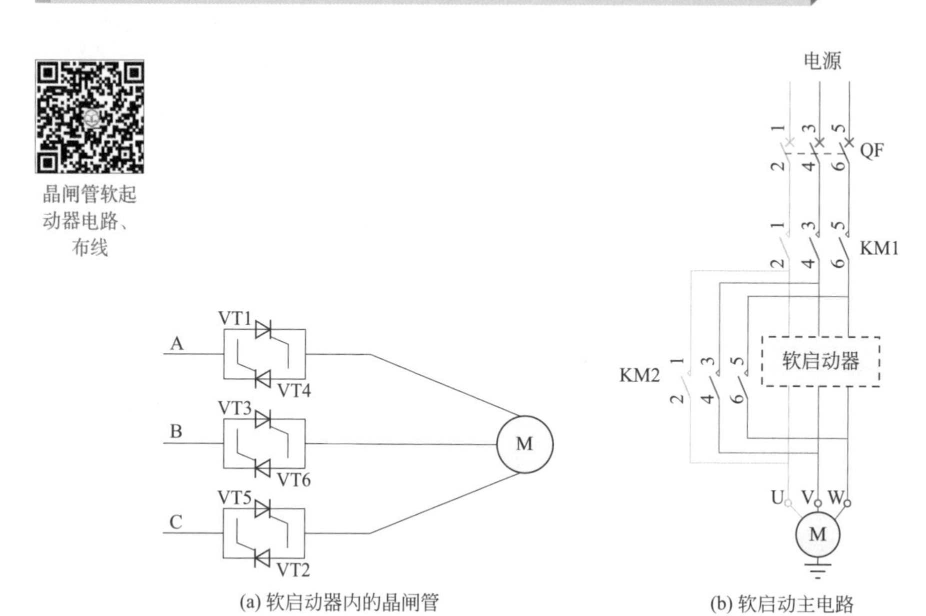

图5-9 晶闸管软启动器结构图

在晶闸管调压软启动主电路图中，调压电路由六只晶闸管两两反向并联组成，串接在电动机的三相供电线路中。在启动过程中，晶闸管的触发角由软件控制，当启动器的微机控制系统接到启动指令后，便进行有关的计算，输出触发晶闸管的信号，通过控制晶闸管的导通角 θ，使启动器按照所设计的模式调节输出电压，使加在交流电动机三相定子绕组上的电压由零逐渐平滑地升至全电压。同时，电流检测装置检测三相定子电流并送给微处理器进行运算和判断，当启动电流超过设定值时，软件控制升压停止，直到启动电流下降到低于设定值之后，再使电动机继续升压启动。若三相启动电流不平衡并超过规定的范围，则停止启动。

当启动过程完成后，软启动器将旁路接触器吸合，短路掉所有的晶闸管，使电动机直接投入电网运行，以避免不必要的电能损耗。

软启动器采用三相反并联晶闸管作为调压器，将其接入电源和电动机定子之间。这种电路如三相全控桥式整流电路，使用软启动器启动电动机时，晶闸管的输出电压逐渐增加，电动机逐渐加速，直到晶闸管全导通，电动机工作在额定电压的机械特性上，实现平滑启动，降低启动电流，避免启动过流跳闸。待电动机达到额定转速时，启动过程结束，软启动器自动用旁路接触器取代已完成任务的晶闸管，为电动机正常运转提供额定电压，以降低晶闸管的热损耗，延长软启动器的使用寿命，提高其工作效率，使电网避免谐波污染。

2.实际应用的 CMC-L 软启动器电路（图5-10和图5-11）

软启动器端子 1L1、3L2、5L3 接三相电源，2T1、4T2、6T3 接电动机。当采用旁路交流接触器时，可采用内置信号继电器通过端子的 6 脚和 7 脚控制旁路交流接触器接通，达到电动机的软启动。

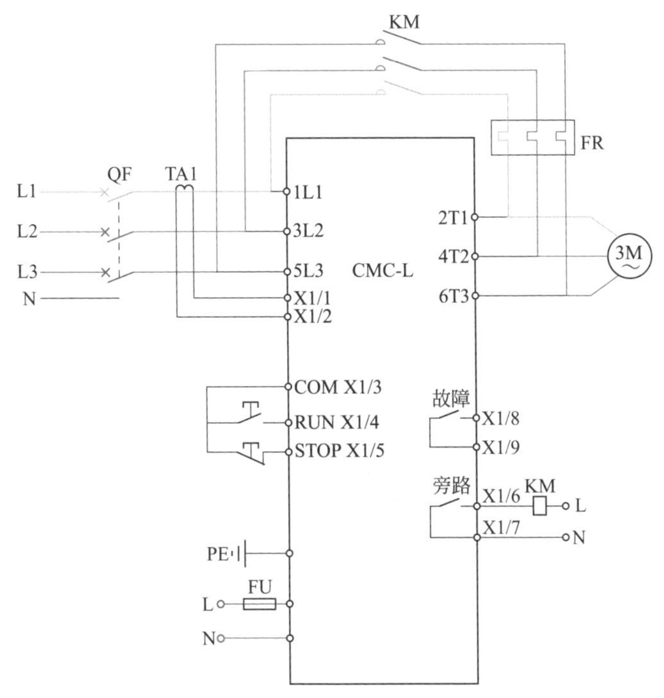

图5-10　CMC-L软启动器实际电路图

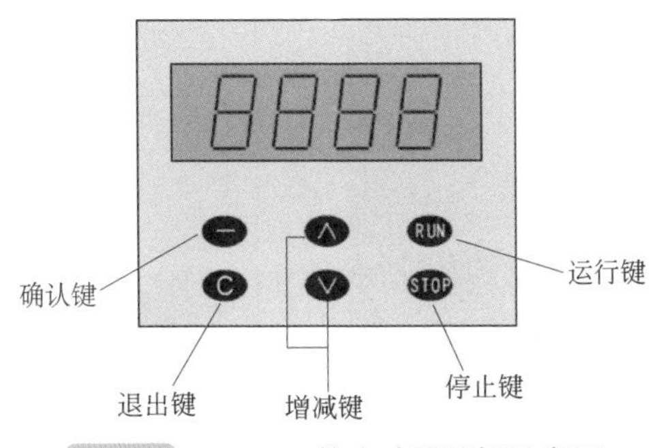

图5-11　CMC-L软启动器面板示意图

CMC-L 软启动器有 12 个外引控制端子，为实现外部信号控制、远程控制及系统控制提供方便，端子说明如表 5-1 所示。

表5-1　CMC-L软启动器端子说明

<table>
<tr><th>端子号</th><th colspan="2">端子名称</th><th>说明</th></tr>
<tr><td rowspan="2">主回路</td><td>1L1、3L2、5L3</td><td>交流电源输入端子</td><td>接三相交流电源</td></tr>
<tr><td>2T1、4T2、6T3</td><td>软启动输出端子</td><td>接三相异步电动机</td></tr>
<tr><td rowspan="12">控制回路</td><td>X1/1</td><td rowspan="2">电流检测输入端子</td><td rowspan="2">接电流互感器</td></tr>
<tr><td>X1/2</td></tr>
<tr><td>X1/3</td><td>COM</td><td>逻辑输入公共端</td></tr>
<tr><td>X1/4</td><td>外控启动端子（RUN）</td><td>X1/3与X1/4短接则启动</td></tr>
<tr><td>X1/5</td><td>外控停止端子（STOP）</td><td>X1/3与X1/5断开则停止</td></tr>
<tr><td>X1/6</td><td rowspan="2">旁路输出继电器</td><td rowspan="2">输出有效时K21—K22闭合，接点容量AC 250V/5A，DC 30V/5A</td></tr>
<tr><td>X1/7</td></tr>
<tr><td>X1/8</td><td rowspan="2">故障输出继电器</td><td rowspan="2">输出有效时K11—K12闭合，接点容量AC 250V/5A，DC 30V/5A</td></tr>
<tr><td>X1/9</td></tr>
<tr><td>X1/10</td><td>PE</td><td>功能接地</td></tr>
<tr><td>X1/11</td><td rowspan="2">控制电源输入端子</td><td rowspan="2">AC 110～220V(+15%)50/60Hz</td></tr>
<tr><td>X1/12</td></tr>
</table>

3.电路接线组装（图5-12）

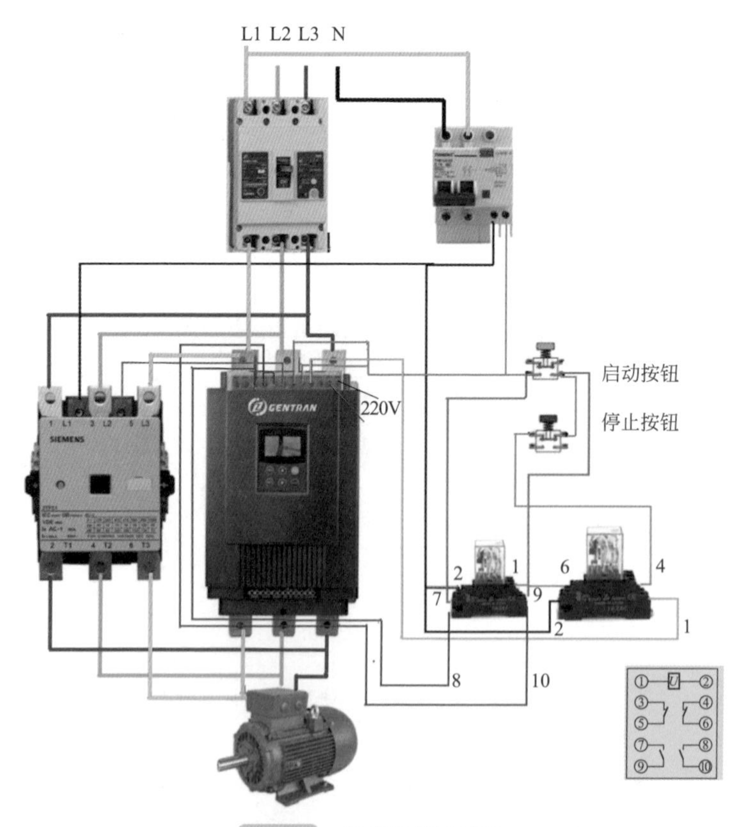

图5-12　电路接线示意图

五 单相电容运行控制电路（图5-13和图5-14）

电容运行式异步电动机新型号代号为 DO2。副绕组串接一个电容器后与主绕组并接于电源，副绕组和电容器不仅参与启动还长期参与运行。单相电容运行式异步电动机的电容器长期接入电源工作，因此不能采用电解电容器，通常一般采用纸介或油浸纸介电容器。电容器的容量主要是根据电动机运行性能来选取，一般比电容启动式的电动机要小一些。

在电路接线中，把电容器串联在副绕组中。

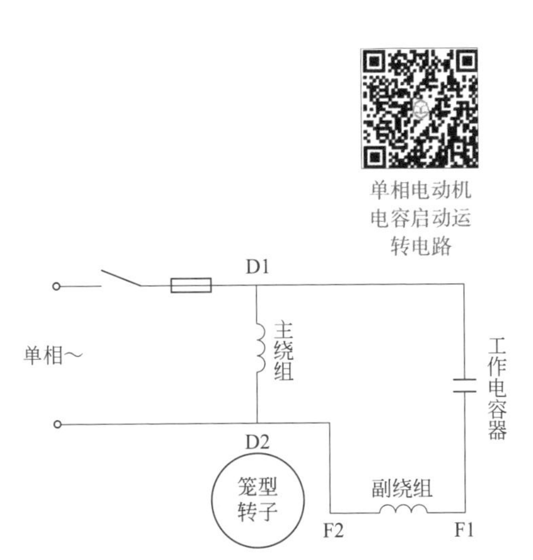

图5-13 单相电容运行式异步电动机接线原理图

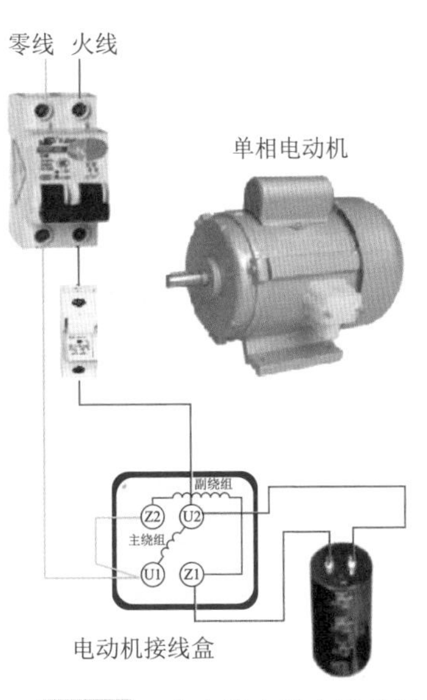

图5-14 电容器串联在副绕组

六 单相 PTC 或电流继电器、离心开关启动运行电路

PTC 或电流继电器、离心开关启动运行电路都是在启动瞬间接通启动绕组，在电动机进入正常运行后切断运行绕组，同时都可以配合运行或启动电容器一起工作。因此，将三个电路合在一起进行讲解。

1.PTC 启动器控制电路接线（图5-15）

把启动器串联在副绕组上，保护继电器起到过流发热、断开电路供电作用，所以把它接到零线回路。

2.电流启动控制电路接线（图5-16）

在电路接线过程中采用不同的元件达到控制目的，电流启动控制电路接线就是另外一种采用不同元件的接线方法。

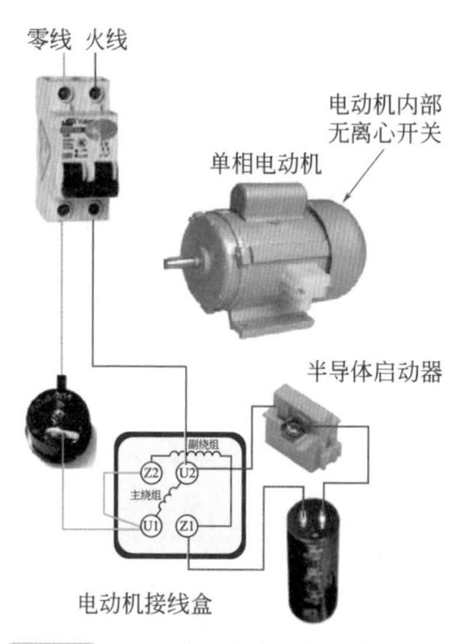

图5-15 PTC启动器控制电路接线图

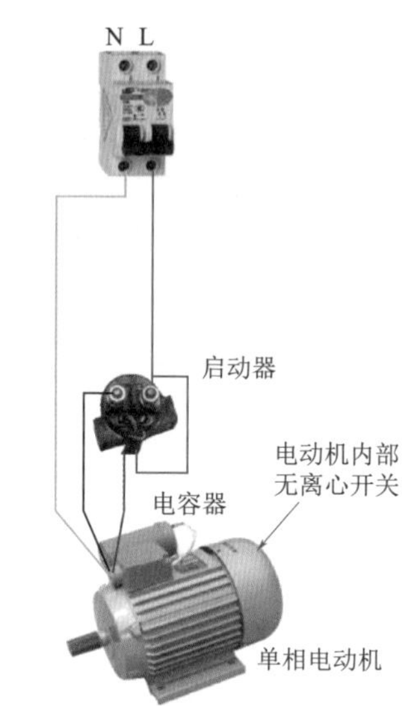

图5-16 电流启动控制电路接线图

3.离心开关启动控制电路接线（图5-17）

把离心开关串联在启动绕组即可，在实际电路中离心开关在电动机内部，外界看不到，接线时要注意。

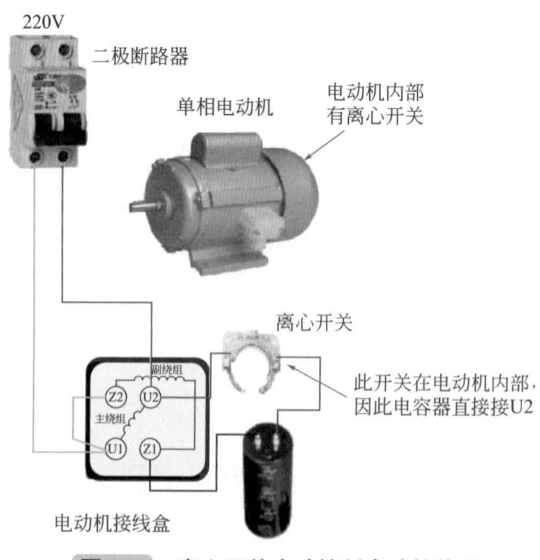

图5-17 离心开关启动控制电路接线图

七　自耦变压器降压启动控制电路（图5-18和图5-19）

自耦变压器高压侧接电网，低压侧接电动机。启动时，利用自耦变压器分接头来降低电动机的电压，待转速升到一定值时，自耦变压器自动切除，电动机与电源相接，在全压下正常运行。

自耦变压器降压启动是利用自耦变压器来降低加在电动机定子绕组上的电压，达到限制启动电流的目的。电动机启动时，定子绕组加上自耦变压器的二次电压。启动结束后，甩开自耦变压器，定子绕组上加额定电压，电动机全压运行。自耦变压器降压启动分为手动控制和自动控制两种。

自耦变压器降压启动电路

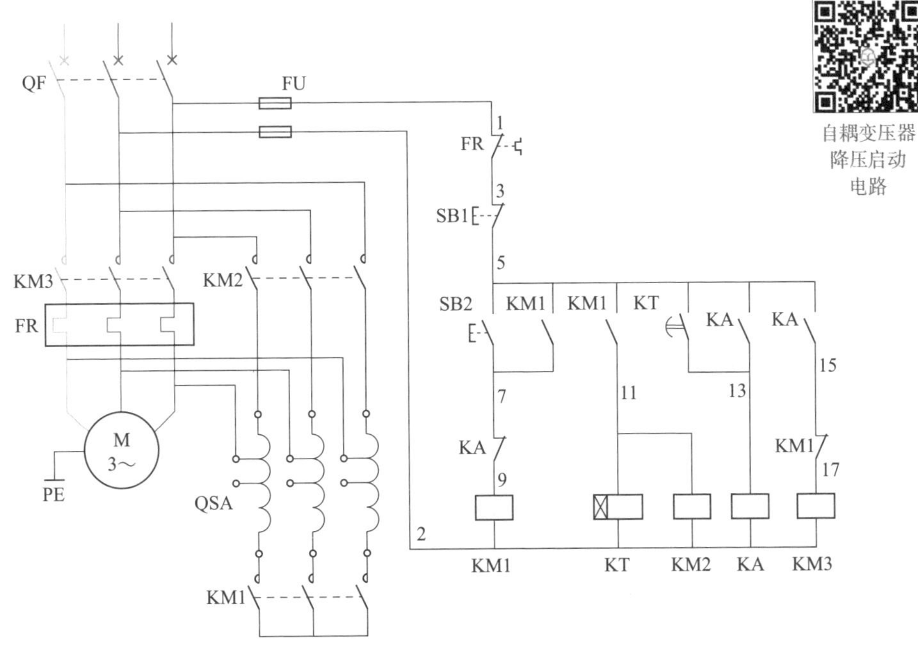

图5-18　电动机自耦变压器降压启动（自动控制）电路原理图

控制过程如下：

① 合上空气开关 QF，接通三相电源。

② 按启动按钮 SB2，交流接触器 KM1 线圈通电吸合并自锁，其主触点闭合，将自耦变压器线圈接成星形，与此同时 KM1 辅助常开触点闭合，使得接触器 KM2 线圈通电吸合，KM2 的主触点闭合，由自耦变压器的低压抽头（如 65%）将三相电压的 65% 接入电动机。

③ KM1 辅助常开触点闭合，使时间继电器 KT 线圈通电，并按已整定好的时间

开始计时，当时间到达后，KT 的延时常开触点闭合，使中间继电器 KA 线圈通电吸合并自锁。

④ 由于 KA 线圈通电，其常闭触点断开使 KM1 线圈断电，KM1 常开触点全部释放，主触点断开，使自耦变压器线圈封星端打开；同时，KM2 线圈断电，其主触点断开，切断自耦变压器电源。KA 的常开触点闭合，通过 KM1 已经复位的常闭触点，使 KM3 线圈得电吸合，KM3 主触点接通，电动机在全压下运行。

⑤ KM1 的常开触点断开也使时间继电器 KT 线圈断电，其延时闭合触点释放，也保证了在电动机启动任务完成后，使时间继电器 KT 可处于断电状态。

⑥ 欲停车时，可按 SB1，则控制回路全部断电，电动机切除电源而停转。

⑦ 电动机的过载保护由热继电器 FR 完成。

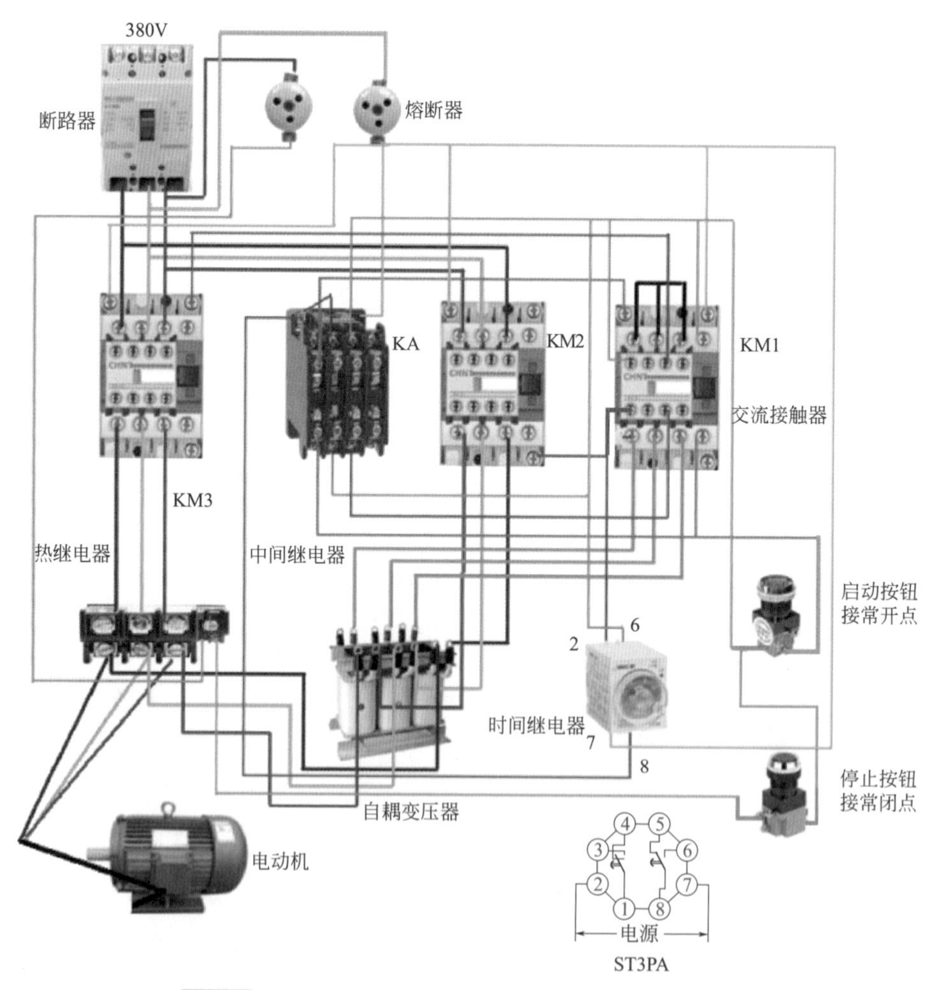

图5-19 自耦变压器降压启动自动控制电路运行电路图

八　电动机定子串电阻降压启动控制电路（图5-20和图5-21）

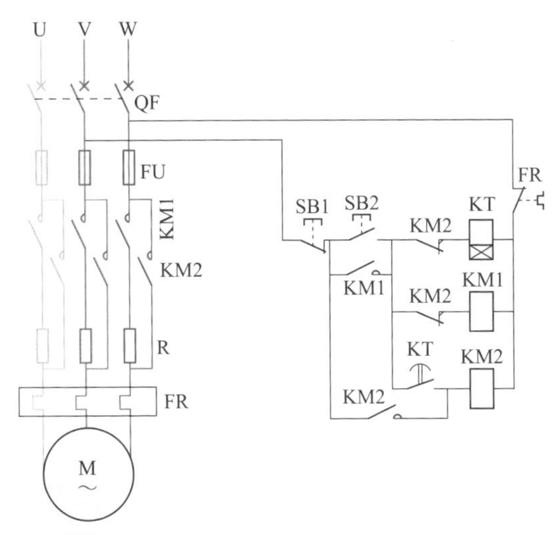

电机定子串电阻降压启动电路

图5-20　电动机定子串电阻降压启动电路原理图

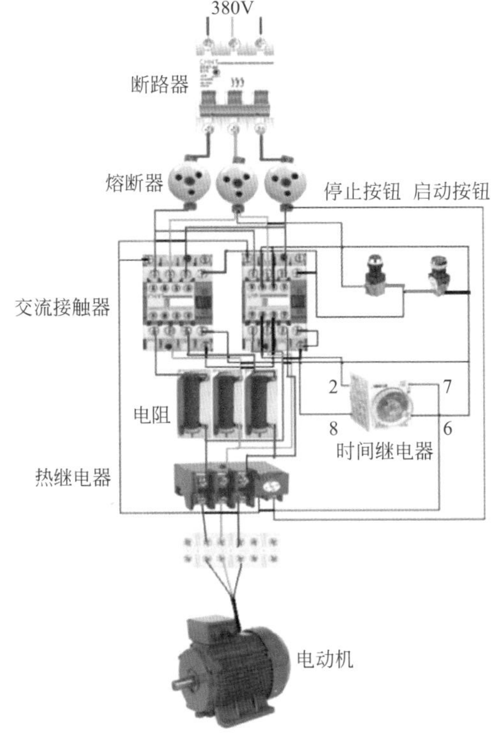

图5-21　电路运行电路图

电动机启动时在三相定子电路中串接电阻，使电动机定子绕组电压降低，启动后再将电阻短路，电动机仍然在正常电压下运行。这种启动方式由于不受电动机接线形式的限制，设备简单，因而在中小型机床中也有应用。机床中也常用这种串接电阻的方法限制点动调整时的启动电流。

按动 SB2 → KM1 得电（电动机串电阻启动），按 SB2 → KT 得电，延时一段时间 KM2 得电（短接电阻，电动机正常运行）。

只要 KM2 得电就能使电动机正常运行。接触器 KM2 得电后，其动断触点将 KM1 及 KT 断电，KM2 自锁。这样，在电动机启动后，只要 KM2 得电，电动机便能正常运行。

九 三个交流接触器控制 Y-△降压启动控制电路（图5-22和图5-23）

从主回路可知，如果控制线路能使电动机接成星形（即 KM1 主触点闭合），并且经过一段延时后再接成三角形（即 KM1 主触点打开，KM2 主触点闭合），电动机就能实现降压启动，而后再自动转换到正常速度运行。

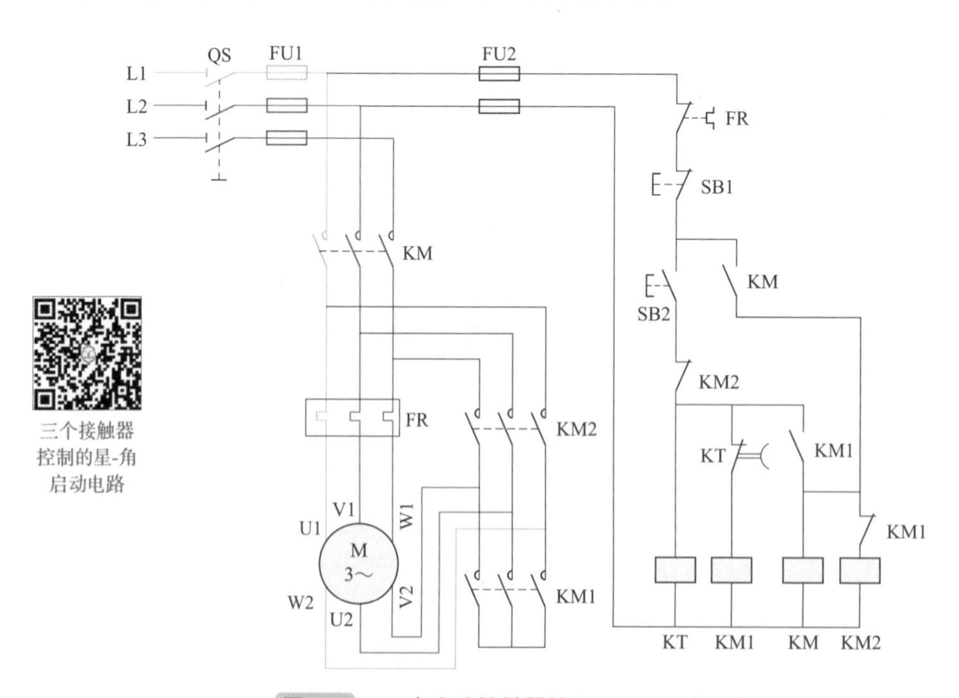

图5-22　三个交流接触器控制Y-△降压启动电路

控制线路的工作过程如下：

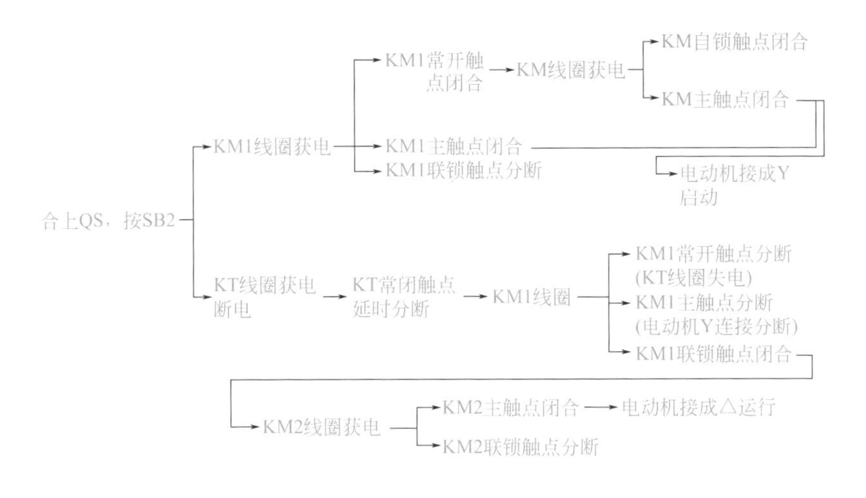

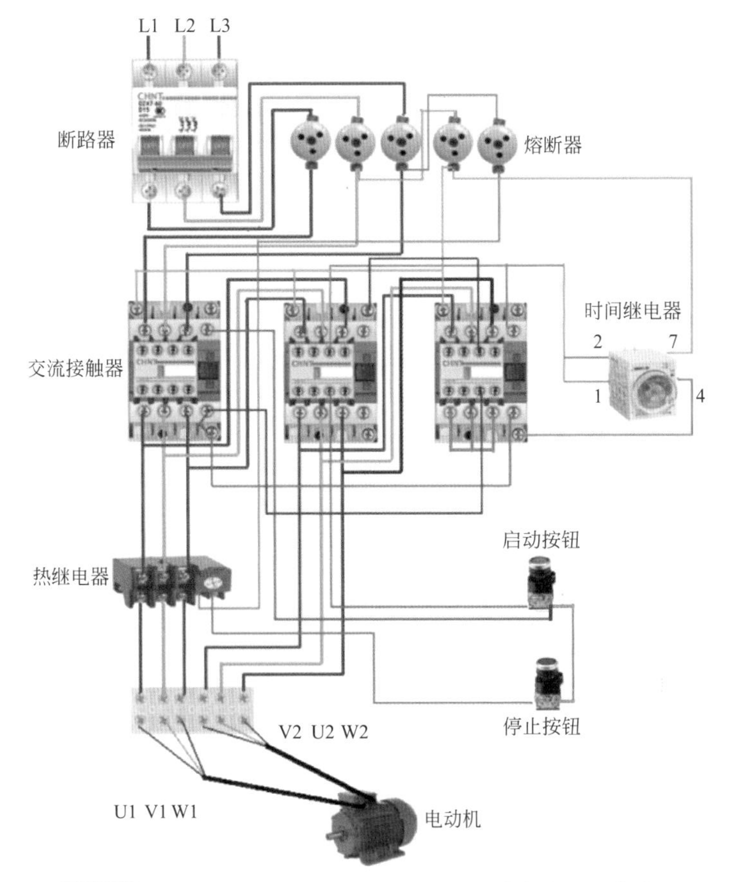

图5-23　三个交流接触器控制 Y-△降压启动电路运行电路图

十 两个交流接触器控制Y-△降压启动控制电路（图5-24和图5-25）

图 5-24 中，KM1 为线路接触器，KM2 为 Y- △转换接触器，KT 为降压启动时间继电器。启动时，合上电源开关 QS，按下启动按钮 SB2，使接触器 KM1 和时间继电器 KT 线圈同时得电吸合并自锁，KM1 主触点闭合，接入三相交流电源，由于 KM1 的常闭辅助触点（8-9）断开，使 KM2 处于断电状态，电动机接成星形连接进行降压启动并升速。

当电动机转速接近额定转速时，时间继电器 KT 动作，其通电延时断开触点 KT（4-7）断开，通电延时闭合触点（4-8）闭合。前者使 KM1 线圈断电释放，其主触点断开，切断电动机三相电源。而触点 KM1（8-9）闭合与后者 KT（4-8）一起，使 KM2 线圈得电吸合并自锁，其主触点闭合，电动机定子绕组接成三角形连接，KM2 的辅助常闭触点断开，使电动机定子绕组尾端脱离短接状态，另一触点 KM2（4-5）断开，使 KT 线圈断电释放。由于 KT（4-7）复原闭合，使 KM1 线圈重新得电吸合，于是电动机在三角形连接下正常运转。所以 KT 时间继电器延时动作的时间就是电动机连成星形降压启动的时间。

本电路与其他 Y- △换接控制电路相比，节省一个接触器，但由于电动机主电路中采用 KM2 辅助常闭触点来短接电动机三相绕组尾端，容量有限，故该电路适用于 13kW 以下电动机的启动控制。

两个接触器控制的星-角启动电路

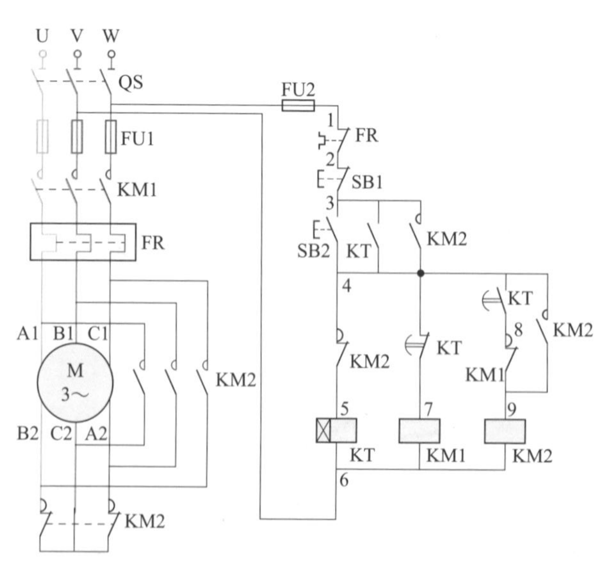

图5-24 两个交流接触器控制Y-△降压启动电路

图5-25接线图中，时间继电器旁的数字编号是按照时间继电器的接点编写标注，便于接线。

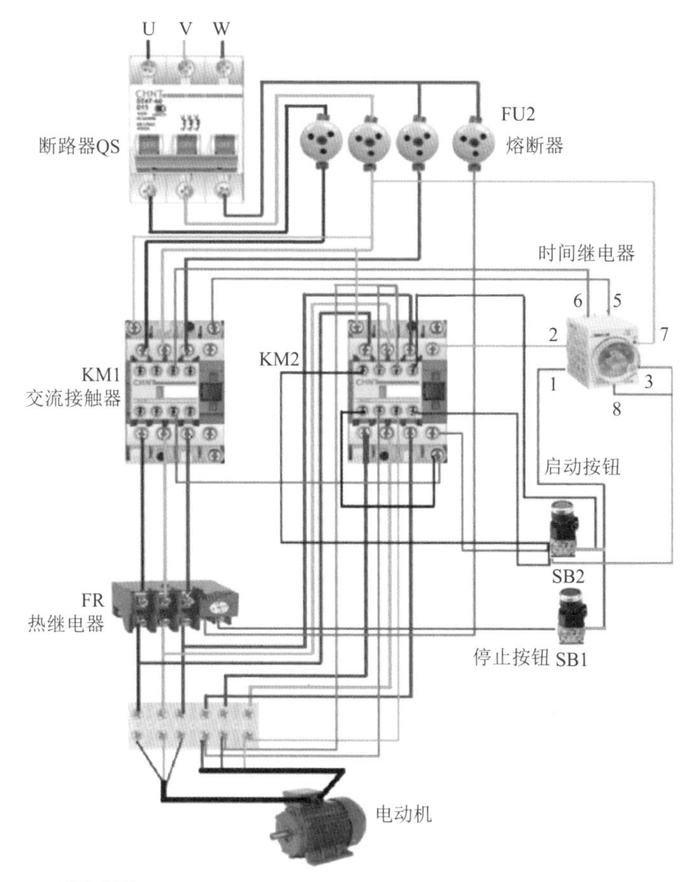

图5-25　两个交流接触器控制的Y-△降压启动电路接线图

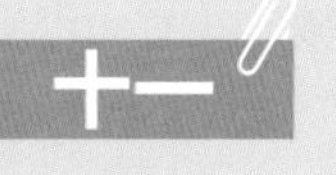
提示　在这个电路图中，KM1选择CJX2 3210交流接触器，KM2选择3201交流接触器，其最后一位（最右边）触点状态一个是常开触点，另一个是常闭触点，接线时注意区别。

十一　中间继电器控制Y-△降压启动控制电路（图5-26和图5-27）

这种电路在设计上增加了一个中间继电器和时间继电器，可以防止大容量电动机在Y-△转换过程中，由于转换时间短，电弧不能完全熄灭而造成相间短路。它适用于55kW以上三角形连接的电动机。

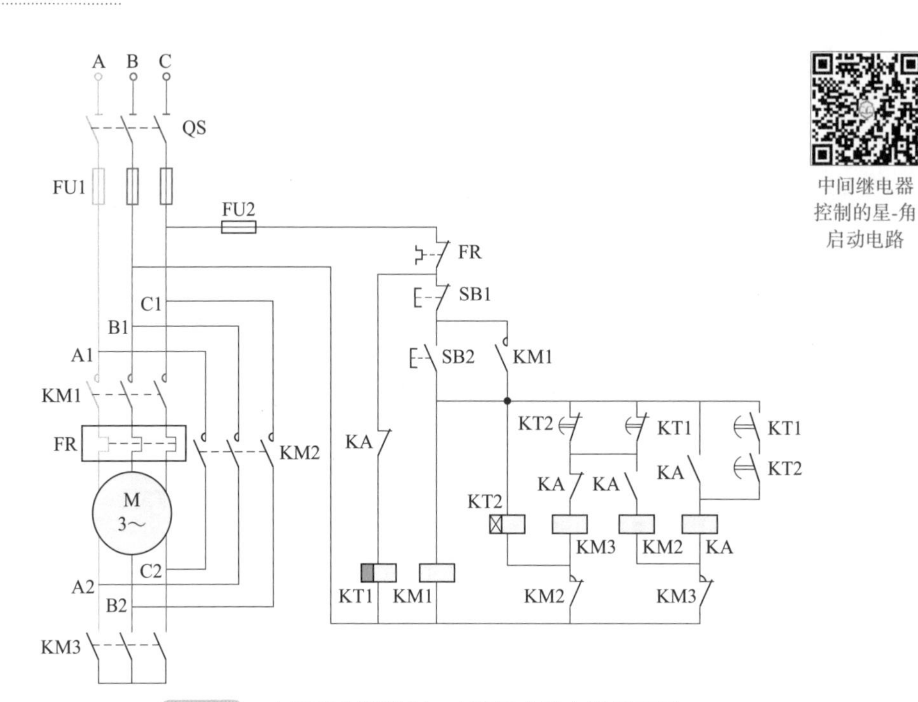

中间继电器控制的星-角启动电路

图5-26　中间继电器控制Y-△降压启动电路原理图

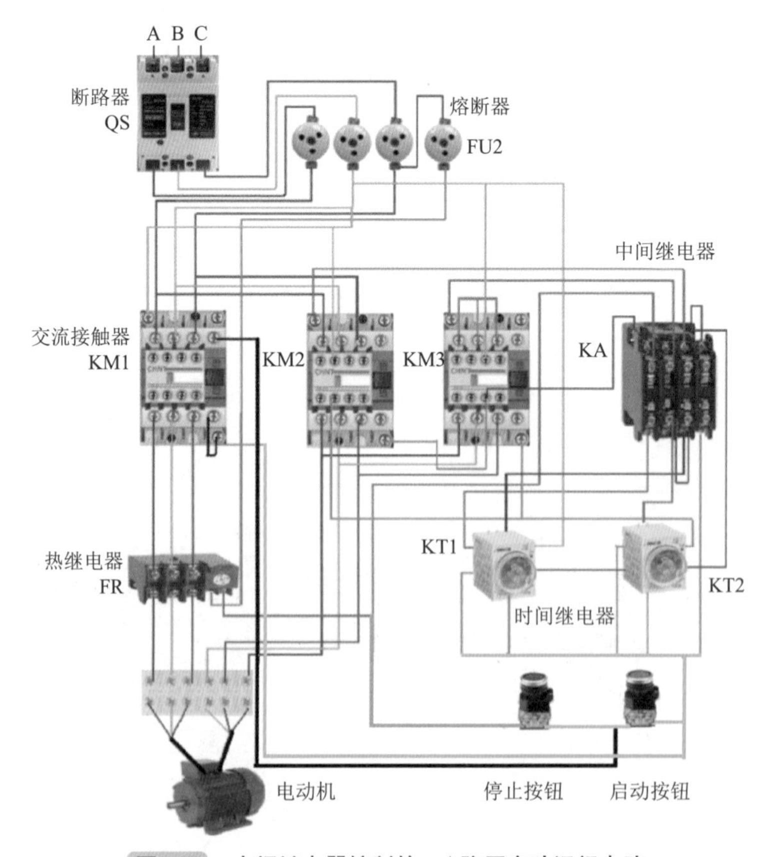

图5-27　中间继电器控制的Y-△降压启动运行电路

合上开关 QS，时间继电器 KT1 得电动作，为启动做好准备。按下启动按钮 SB2，接触器 KM1、时间继电器 KT2、接触器 KM3 同时得电并吸合，KM1 的常开触点闭合并自锁，电动机作 Y 形启动。当 KT2 延时到规定时间，电动机转速也接近稳定时，时间继电器 KT2 的延时断开常闭触点断开，KM3 断电并释放，同时 KT2 的延时闭合常开触点闭合，使中间继电器 KA 得电动作，其常闭触点断开使 KT1 断电释放，同时 KA 的常开触点闭合。当 KT1 断电，到达延时时间（0.5 ～ 1s）后，其延时闭合常闭触点闭合，KM2 才得电动作，电动机转换为三角形连接运转。时间继电器的动作时间可根据电动机的容量及启动负载大小来进行调整。

提示 KT1 和 KT2 时间继电器型号选择不同，KT1 选择 ST3 PG，KT2 选择 ST3 PA。

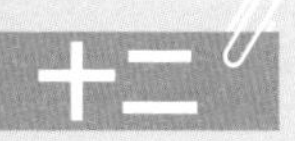

十二 用倒顺开关实现三相正反转控制电路（图 5-28 ～图 5-30）

改变通入电动机定子绕组的电源相序

正转：L1—U　反转：L1—W
L2—V　　　L2—V
L3—W　　　L3—U

倒顺开关图形符号

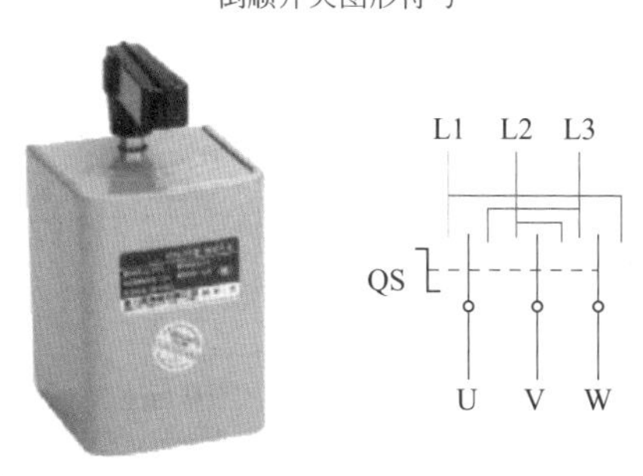

图5-28　倒顺开关实物 图、符号及其实现正反转方法

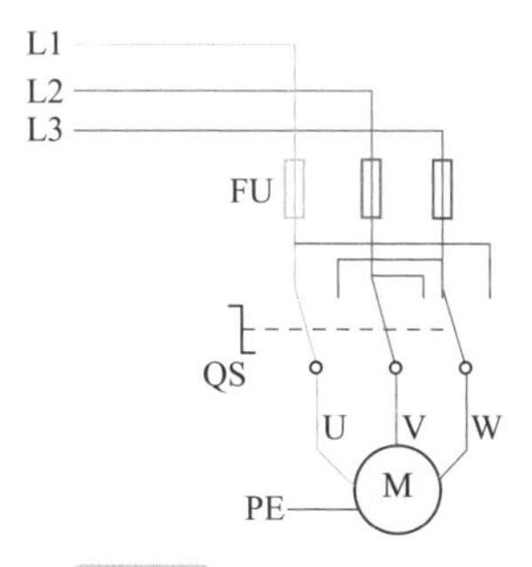

图5-29　电路原理图

手柄向左扳至“顺”位置时，QS 闭合，电动机 M 正转；手柄向右扳至逆位置时，QS 闭合，电动机 M 反转。

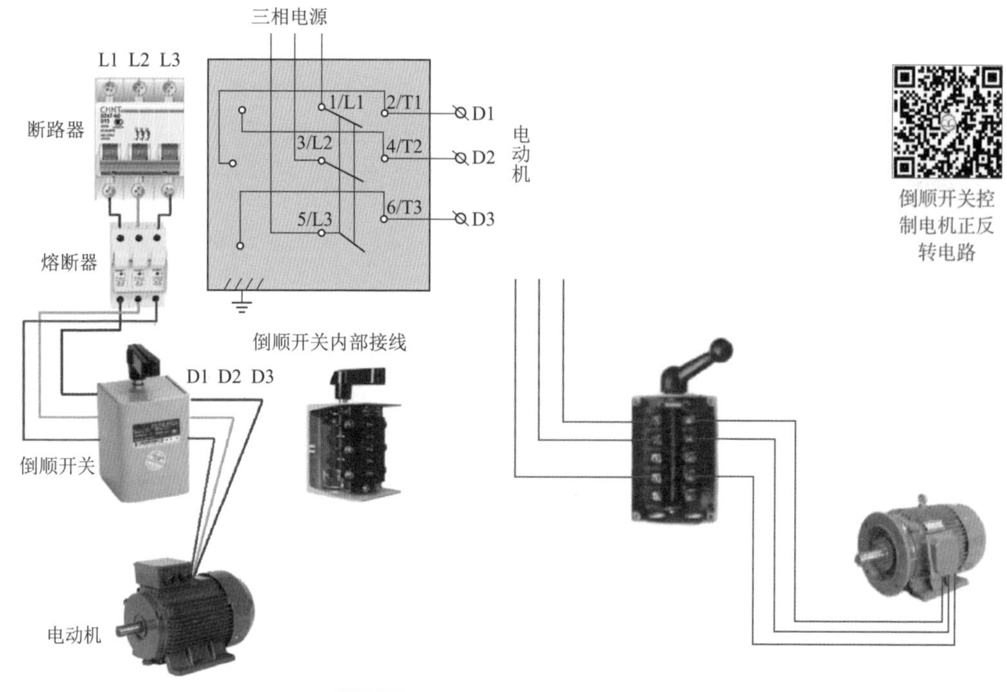

图5-30 倒顺开关正反转接线图

十三 交流接触器联锁三相正反转启动运行电路（图5-31和图5-32）

按下 SB2，正向接触器 KM1 得电动作，主触点闭合，使电动机正转。按停止按钮 SB1，电动机停止。按下 SB3，反向接触器 KM2 得电动作，其主触点闭合，使电动机定子绕组与正转时的相序相反，则电动机反转。

接触器的动断辅助触点互相串联在对方的控制回路中进行联锁控制。这样当 KM1 得电时，由于 KM1 的动作触点打开，使 KM2 不能通电。此时即使按下 SB3 按钮，也不能造成短路。反之也是一样。接触器辅助触点的这种互相制约关系称为“联锁”或“互锁”。

需要注意的是，对于此种电路，如果电动机正在正转，想要反转，必须先按停止按钮 SB1 后，再按反向按钮 SB3 才能实现。

接触器控制电机正反转电路

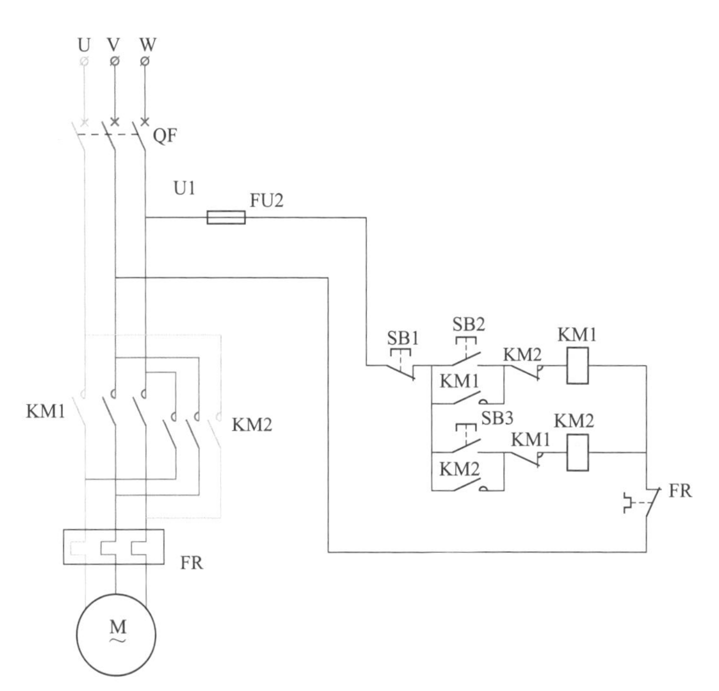

图5-31　电动机正反转电路图

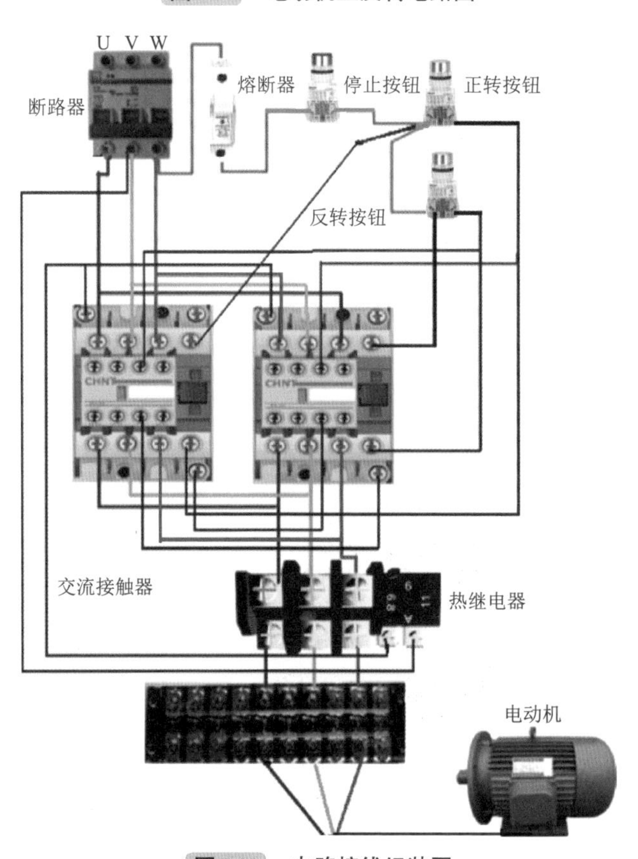

图5-32　电路接线组装图

十四 用复合按钮开关实现直接控制三相电动机正反转控制电路（图5-33和图5-34）

复合按钮实现电机正反转电路

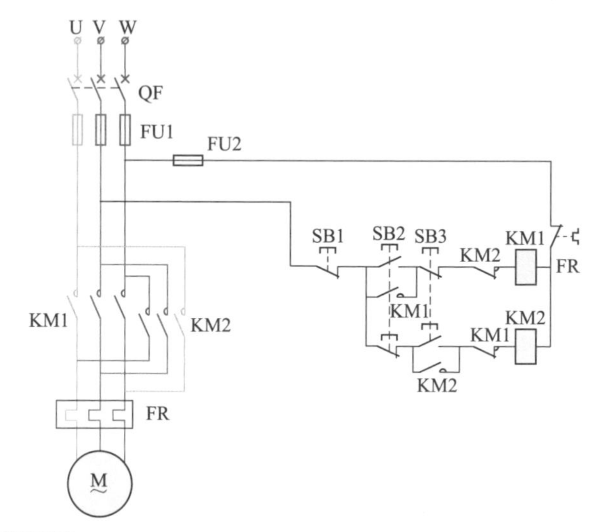

图5-33 复合按钮和接触器联锁复合电动机正反转控制线路

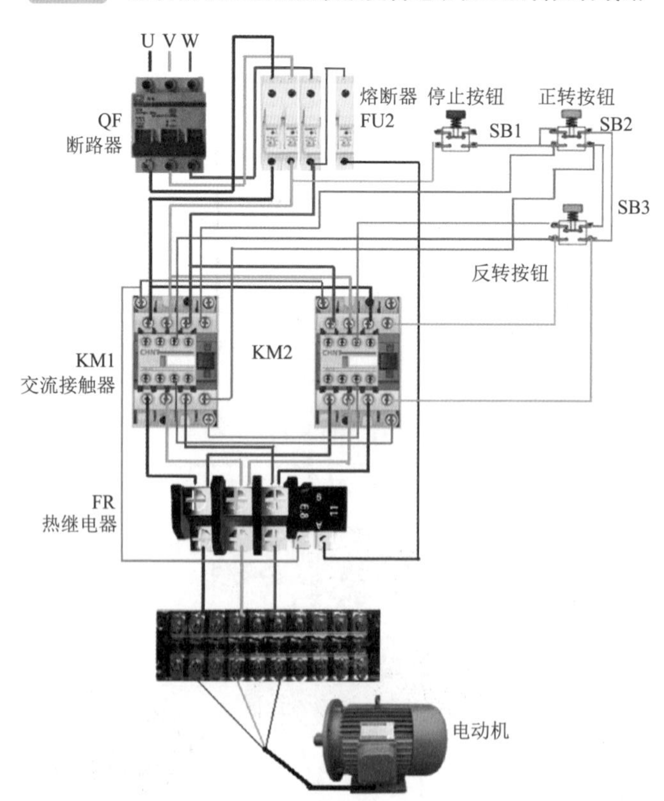

图5-34 用复合按钮开关实现直接控制三相电动机正反转运行电路图

按下 SB2，正向接触器 KM1 得电动作，主触点闭合，使电动机正转。按停止按钮 SB1，电动机停转。按下 SB3，反向接触器 KM2 得电动作，其主触点闭合，使电动机定子绕组与正转时相序相反，则电动机反转。

接触器的动断辅助触点互相串联在对方的控制回路中进行联锁控制。这样当 KM1 得电时，由于 KM1 的动作触点打开，使 KM2 不能通电。此时即使按下 SB3 按钮，也不能造成短路。反之也是一样。接触器辅助触点这种互相制约关系称为“联锁”或“互锁”。按下 SB2 时，只有 KM1 可得电动作，同时 KM2 回路被切断。同理，按下 SB3 时，只有 KM2 得电，同时 KM1 回路被切断。采用复合按钮，还可以起到联锁作用。

十五　三相正反转点动控制电路（图5-35～图5-37）

① 合上开关 QS 接通三相电源。

② 按动正向启动按钮开关 SB2，SB2 的常开触点接通 KM1 线圈线路，交流接触器 KM1 线圈通电吸合，KM1 主触点闭合接通电动机电源，电动机正向运行。

③ 按动反向启动按钮开关 SB3，SB3 的常开触点接通 KM2 线圈线路，交流接触器 KM2 线圈通电吸合，KM2 主触点闭合接通电动机电源，电动机反向运行。

④ 在运行的过程中，只要松开按钮开关，控制电路立即无电，交流接触器断电主触点释放，电动机停止运行。

⑤ 电动机的过载保护由热继电器 FR 完成。

⑥ 电路利用 KM1 和 KM2 常闭辅助触点互锁，避免线路短路。

电动机正反转点动控制电路

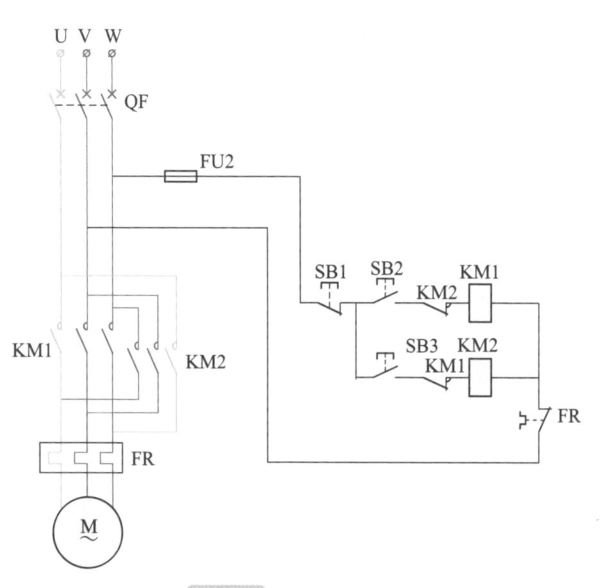

图5-35　电路原理图

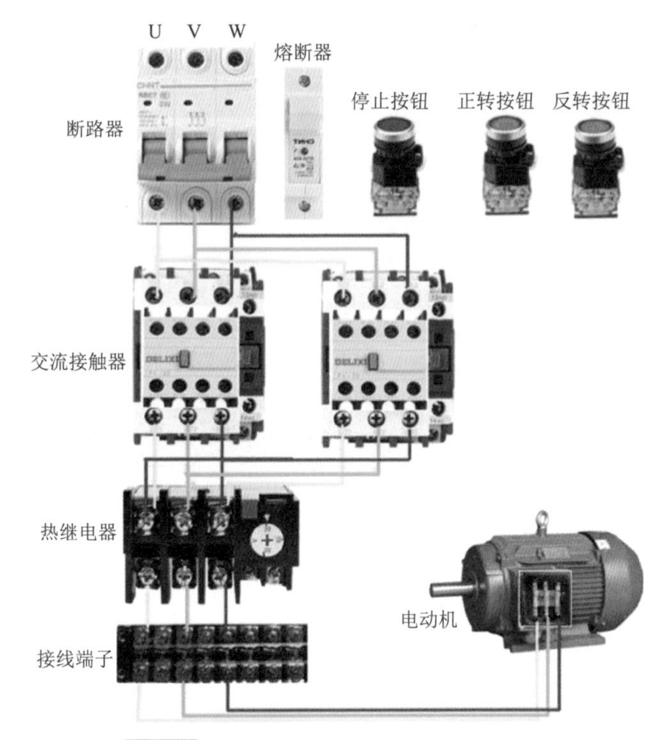

图5-36 三相电动机正反转主回路接线图

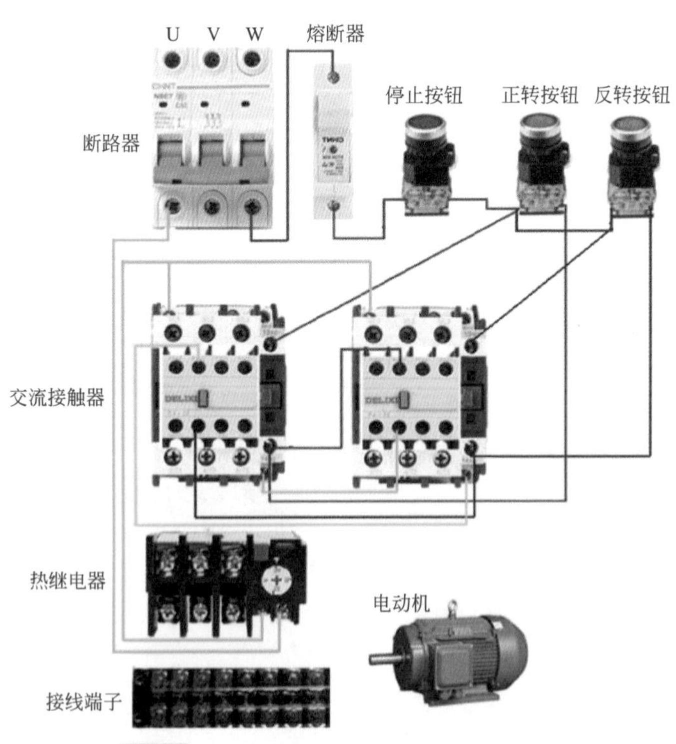

图5-37 三相电动机正反转控制回路接线图

十六 三相电动机正反转自动循环电路（图5-38和图5-39）

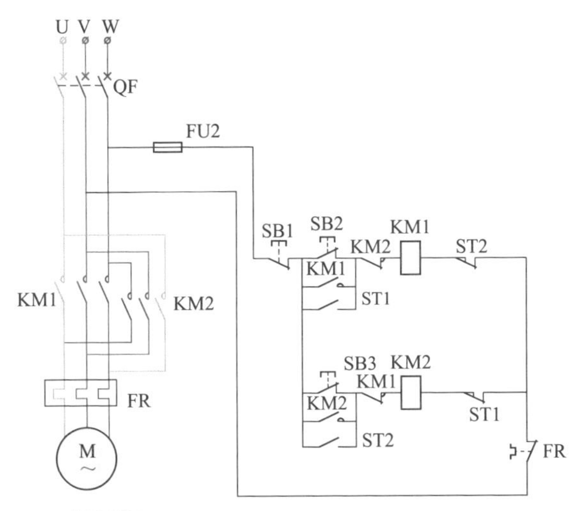

图5-38 三相电动机正反转自动循环电路图

电机正反转自动循环线路

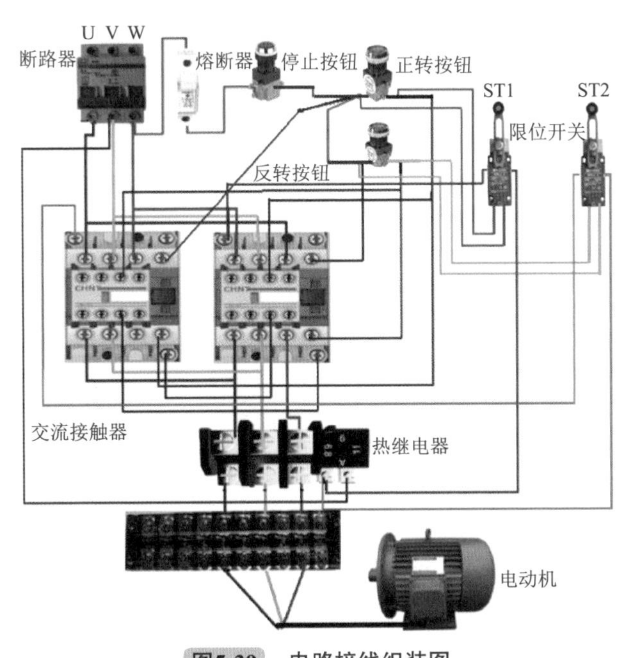

图5-39 电路接线组装图

按动正向启动按钮开关SB2，交流接触器KM1得电动作并自锁，电动机正转使工作台前进。当运动到ST2限定的位置时，挡块碰撞ST2的触点，ST2的动断触点使 KM1 断电，于是 KM1 的动断触点复位闭合，关闭了对 KM2 线圈的互锁。ST2 的动合触点使 KM2 得电自锁，且 KM2 的动断触点断开将 KM1 线圈所在支路断开（互锁）。这样电动机开始反转使工作台后退。当工作台后退到 ST1 限定的极限位置时，挡块碰撞 ST1 的触点，KM2 断电，KM1 又得电动作，电动机又转为正转，如此往复。SB1 为整个循环运动的停止按钮开关，按动 SB1 自动循环停止。

十七　行程开关自动循环控制电路（图5-40和图5-41）

此电路是用行程开关来自动实现电动机正反转的。组合机床、龙门刨床、铣床的工作台常用这种线路实现往返循环。

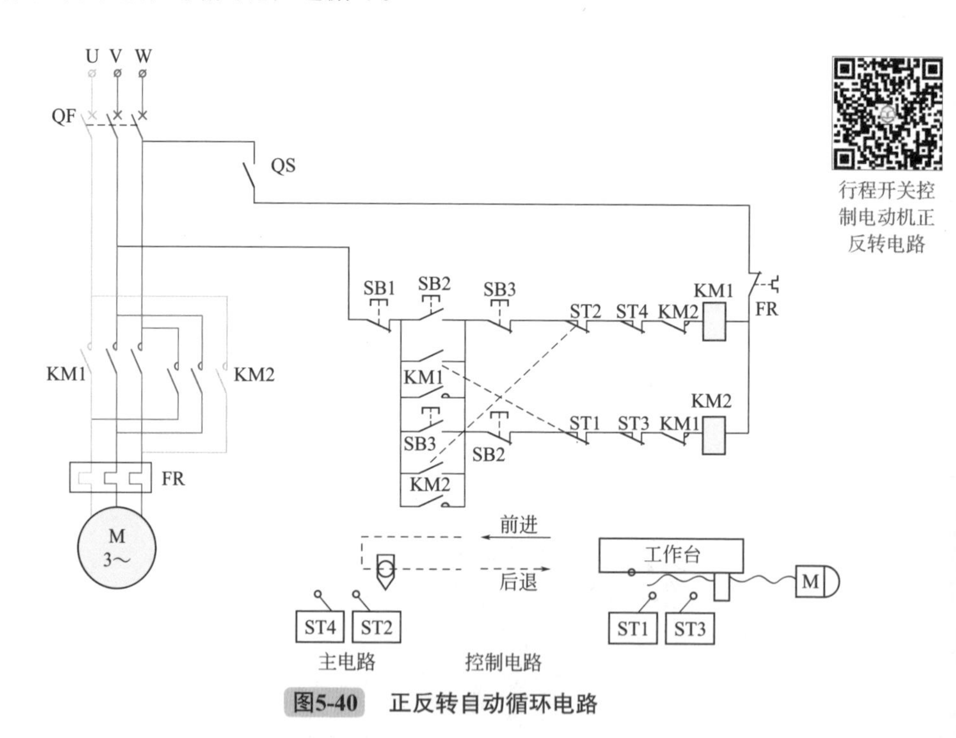

图5-40　正反转自动循环电路

ST1、ST2、ST3、ST4 为行程开关，按要求安装在固定的位置上，当撞块压下行程开关时，其动合触点闭合，动断触点打开。其实这是按一定的行程用撞块压行程开关，代替了人按按钮。按下正向启动按钮 SB2，接触器 KM1 得电动作并自锁，电动机正转使工作台前进。当运行到 ST2 位置时，撞块压下 ST2，ST2 动断触点使 KM1 断电，但 ST2 的动合触点使 KM2 得电动作自锁，电动机反转使工作台后退。当撞块又压下 ST1 时，使 KM2 断电，KM1 又得电动作，电动机又正转，使工作台前进，这样可一直循环下去。

SB1 为停止按钮，SB2 与 SB3 为不同方向的复合启动按钮。之所以用复合按钮，是为了满足改变工作台方向时，不按停止按钮可直接操作。限位开关 ST2 与 ST4 安装在极限位置，当由于某种故障，工作台到达 ST1(或 ST2) 位置，未能切断 KM2(或 KM3) 时，工作台将继续移动到极限位置，压下 ST3（或 ST4），此时最终把控制回路断开，使 ST3、ST4 起限位保护作用。

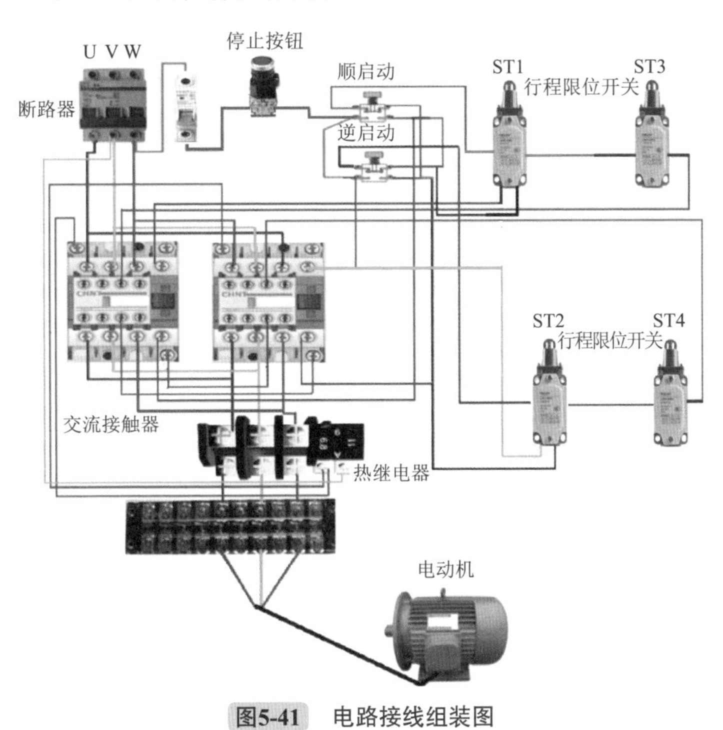

图5-41　电路接线组装图

上述这种用行程开关按照机床运动部件的位置或机件的位置变化所进行的控制，称作按行程原则的自动控制，或称行程控制。行程控制是机床和生产自动线应用较为广泛的控制方式。

十八　正反转到位返回控制电路（图5-42和图5-43）

接通电源，按压启动开关 JT（SB），此时电源通过 QS、FR、XM1 常闭触点（动断触点）、JT（SB）、KM2 常闭触点（动断触点）使 KM1 得电吸合，KM1 主触点吸合，设电动机启动正向运行，与 JT（SB）并联 KM1 辅助触点闭合自锁，与 KM2 线圈相连的触点断开，实现互锁，防止 KM2 无动作。

当电动机运行到位置时，触动行程开关 XM1，则其常闭触点（动断触点）断开，KM1 断电，常开触点接通，KM1 常闭触点（动断触点）接通，KM2 得电吸合，主触点控制电动机反转，与 XM1 相连的辅助触点自锁。当电动机回退到位时，触动 XM3、触点断开，KM2 线圈失电断开，电动机停止运行。

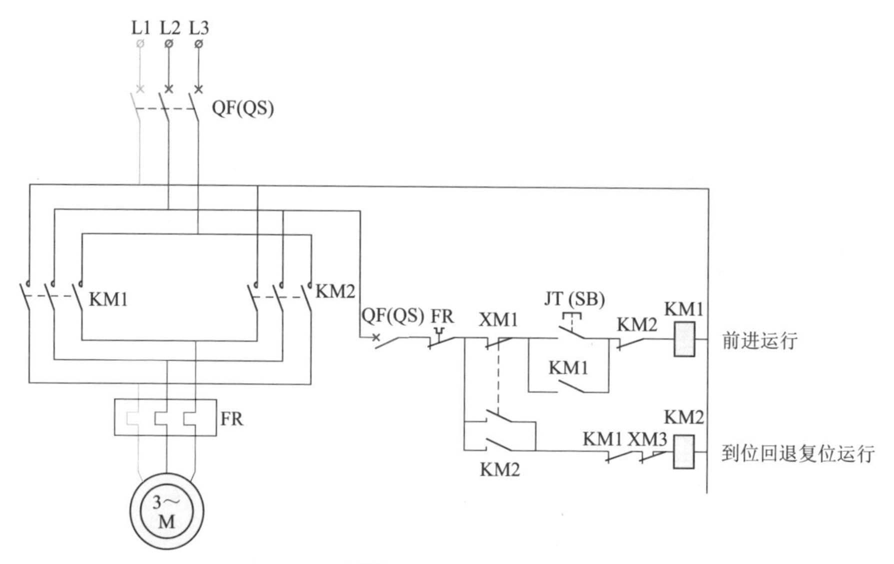

图5-42　电路原理图

带回退限位的电机正反转电路

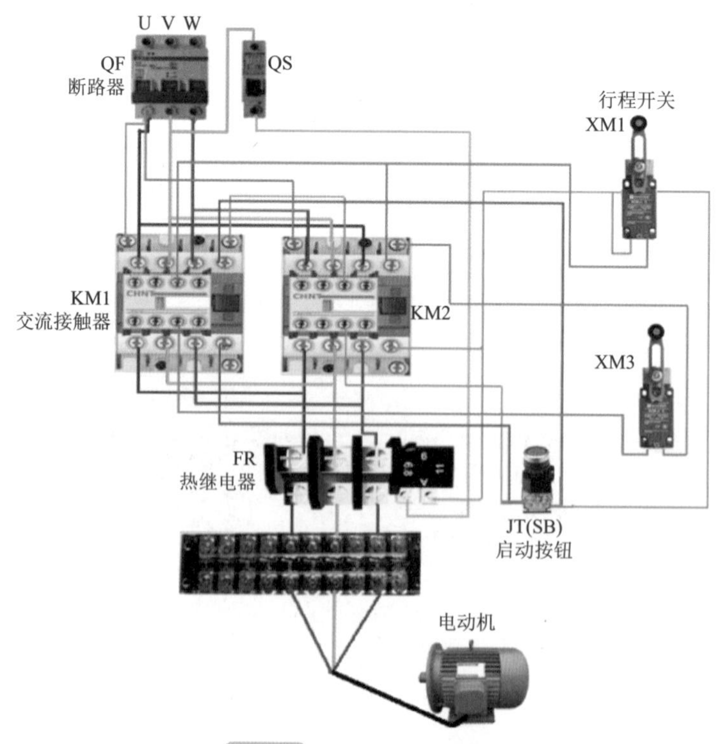

图5-43　电路接线组装图

十九　单相电容运行式正反转电路（图5-44和图5-45）

普通电容运行式电动机绕组有两种结构。一种为主副绕组匝数及线径相同；另一种为主绕组匝数少且线径大，副绕组匝数多且线径小。这两种电动机内的接线相同。

正反转的控制：C1 为运行电容，K 可选各种形式的双投开关。改变 K 的接点位置，即可改变电动机的运转方向，实现正反转控制。对于有主副绕组之分的单相电动机，要实现正反转控制，可改变内部副绕组与公共端接线，也可改变定子方向。

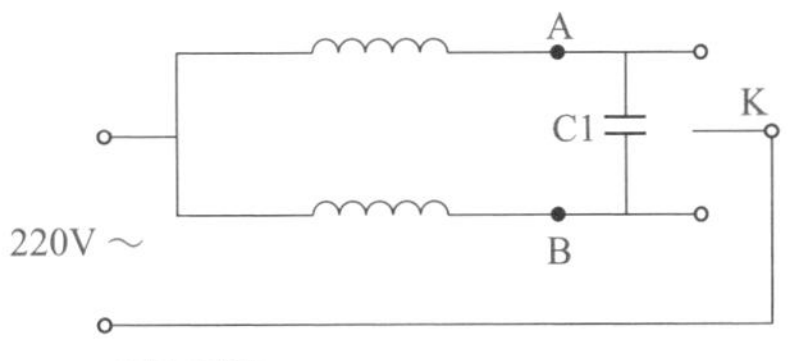

图5-44　电容运行式电动机正反转控制电路

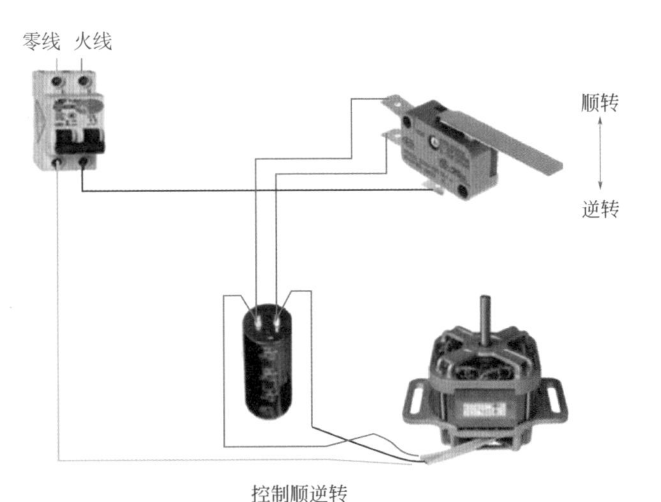

电容运行式单相电机正反转电路

图5-45　电路接线组装图

二十　单相异步倒顺开关控制正反转电路

图 5-46 表示电容启动式或电容启动 / 电容运转式单相电动机的内部主绕组、副绕组、离心开关和外部电容在接线柱上的接法。其中主绕组的两端记为 U1、U2，副绕组的两端记为 W1、W2，离心开关 K 的两端记为 V1、V2。注意：电动机厂家不同，标注不同。

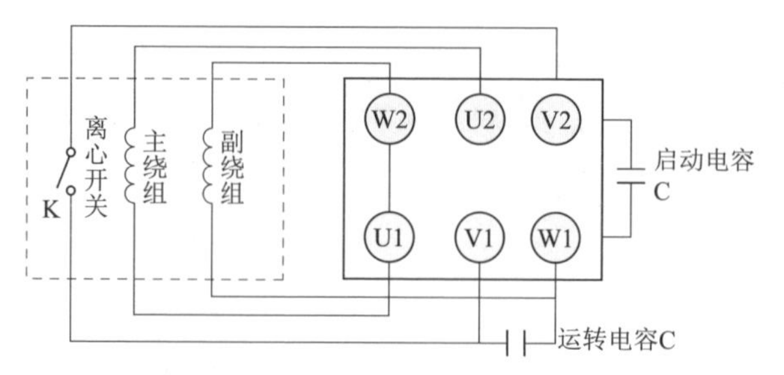

图5-46　绕组与接线柱上的接线接法

这种电动机的铭牌上标有正转和反转的接法如图 5-47 所示。

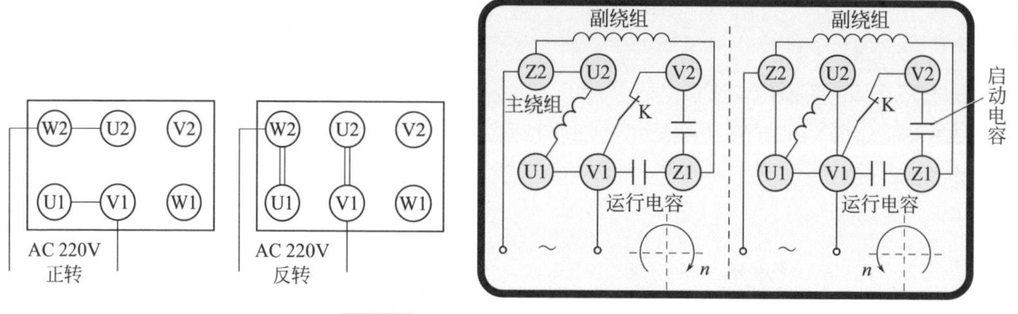

图5-47　标有正转和反转的接法

单相电动机正反转控制实际上只是改变主绕组或副绕组的接法：正转接法时，副绕组的 W1 端通过启动电容和离心开关连到主绕组的 U1 端（图 5-48）；反转接法时，副绕组的 W2 端改接到主绕组的 U1 端（图 5-49）。也可以改变主绕组 U1、U2 进线方向。

倒顺开关控制单相电机正反转电路

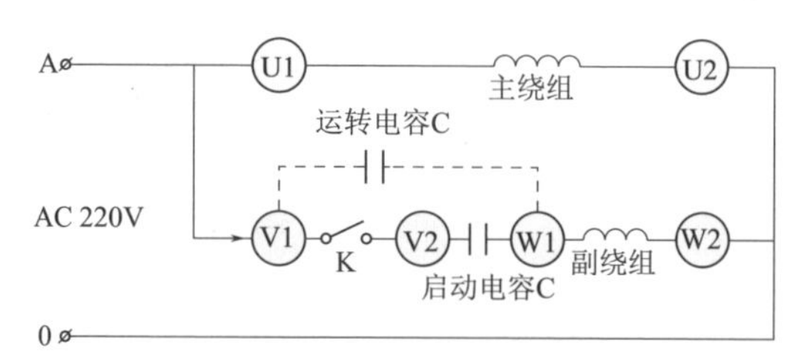

图5-48　正转接法

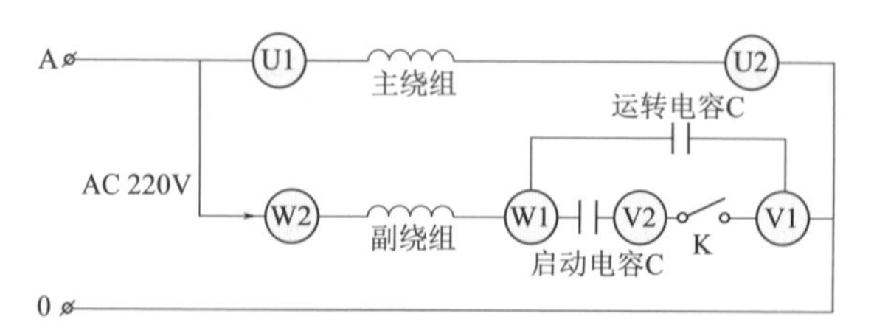

图5-49　反转接法

现以六柱倒顺开关说明。六柱倒顺开关有两种转换形式（图 5-50）。打开盒盖就能看到厂家标注的代号：第一种，左边一排三个接线柱标 L1、L2、L3，右边三柱标 D1、D2、D3；第二种，左边一排标 L1、L2、D3，右边标 D1、D2、L3。以第一种六柱倒顺开关为例，当手柄在中间位置时，六个接线柱全不通，称为“空挡”。当手柄拨向左侧时，L1 和 D1、L2 和 D2、L3 和 D3 两两相通。当手柄拨向右侧时，L3 仍与 D3 接通，但 L2 改为连通 D1，L1 改为连通 D2。

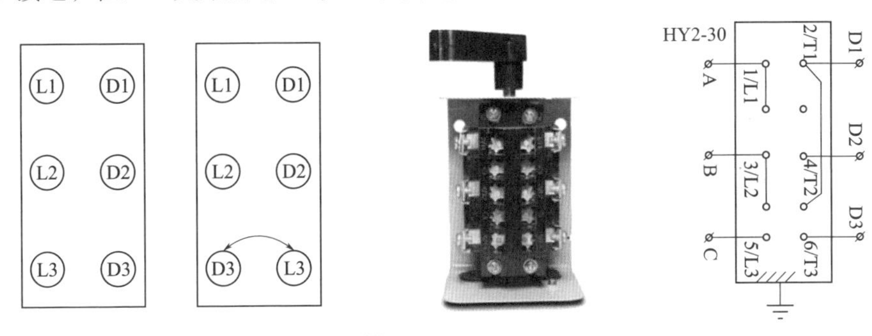

图5-50　常用的倒顺开关

倒顺开关控制电动机正反转接线如图 5-51 所示。

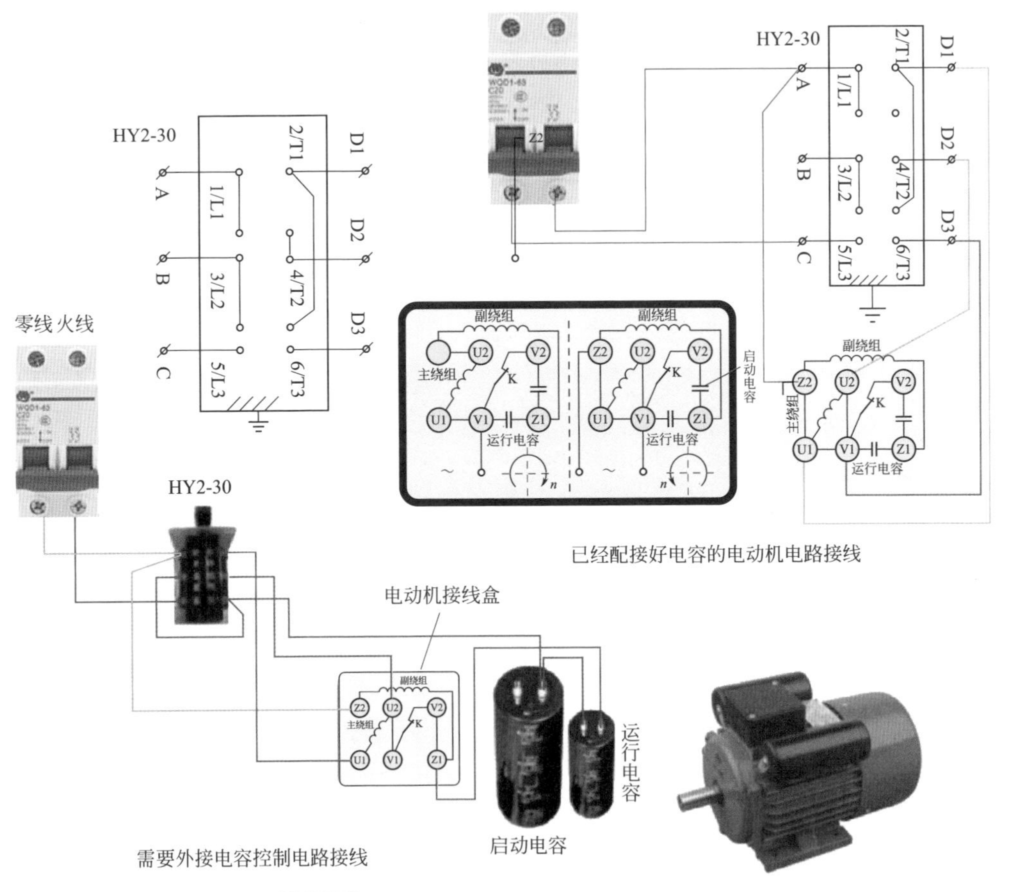

图5-51　倒顺开关控制电动机正反转接线图

无论是船型开关还是摇头开关的倒顺开关，手柄处于中间位置即停止位置时 Z3 与 D3/L3 均不通，切断电源，单相电动机不转。当手柄拨向左侧时，L3/Z3、L2/Z2、L1/Z1 通，最后形成的电路为反转接法；当手柄拨向右侧时，D3/Z3、D2/Z2、D1/Z1 通，最后形成的电路为正转接法（图 5-52）。

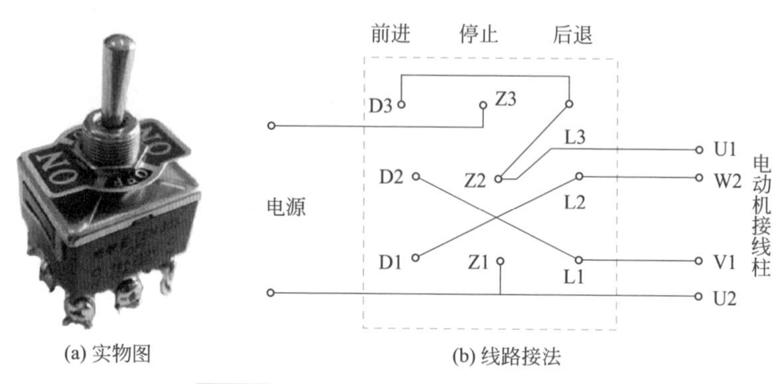

图5-52　摇头开关实物图和线路接法

在没有摇头开关或者没有带停止的多头开关时，为了实现正反转启停控制，可以用两个开关，其中一个作为电源开关，另一个作为正反转开关，工作原理与上述相同。

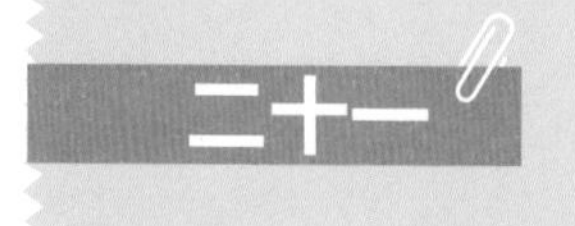

二十一　交流接触器控制的单相电动机正反转控制电路（图5-53和图5-54）

当电动机功率比较大时，可以用交流接触器控制电动机的正反转。

接触器控制单相电机正反转电路

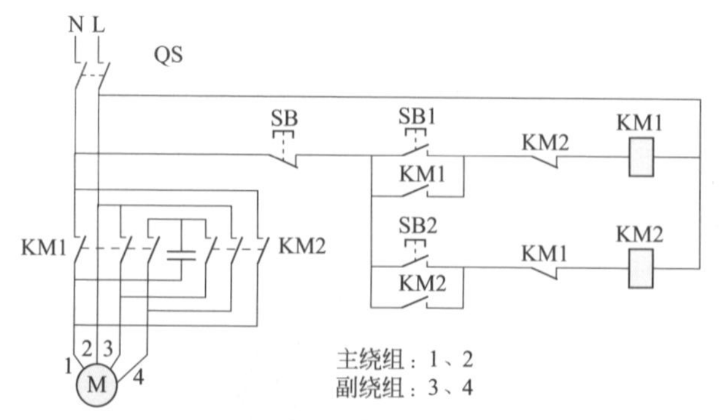

图5-53　电路原理图

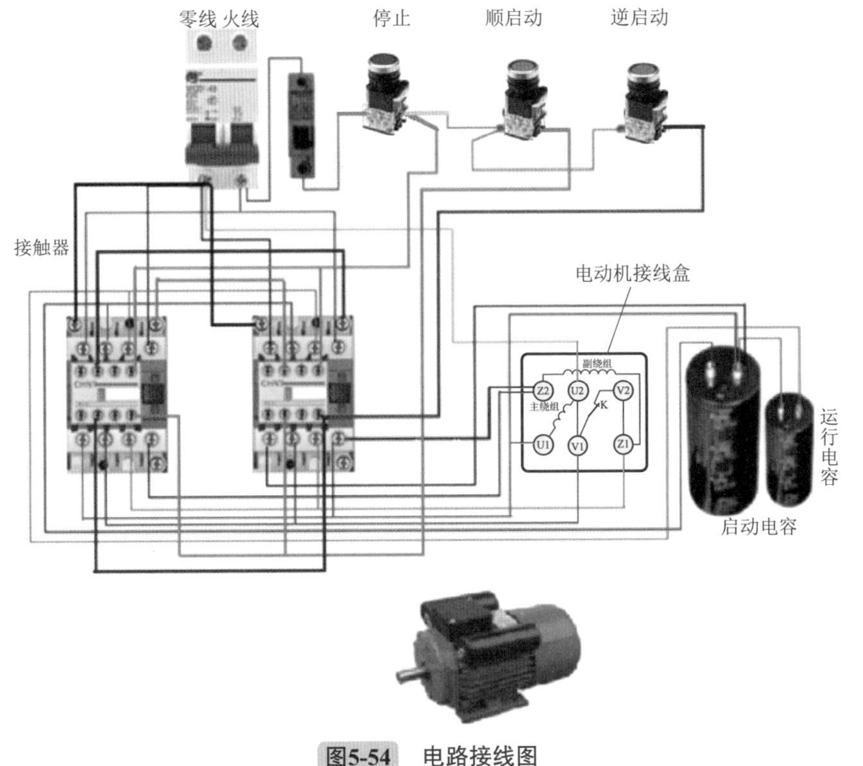

图5-54　电路接线图

二十二　多地控制单相电动机运转电路（图5-55～图5-57）

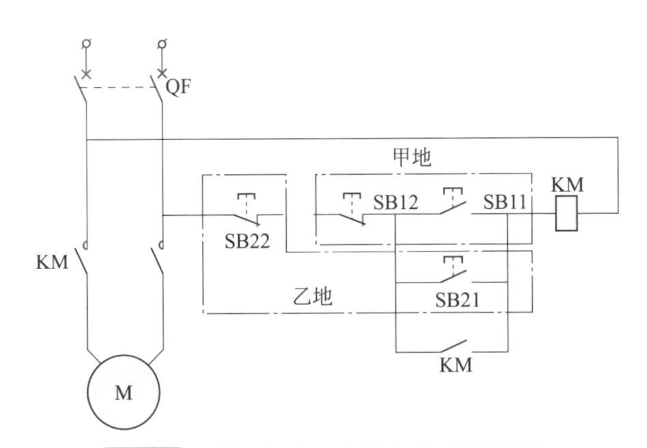

图5-55　单相异步电动机多地控制原理图

为了达到两个地点同时控制一台电动机的目的，必须在另一个地点再装一组启动 / 停止按钮开关。图 5-55 中 SB11、SB12 为甲地启动 / 停止按钮开关，SB21、

SB22 为乙地启动 / 停止按钮开关。只要按动各地的启动和停止按钮开关，交流接触器线圈即可得电，触点吸合，电动机即可运转。

在电工电路中，对于停止按钮开关或者接点来说，只要是联动的均为串联关系，这样，有一组开关断开则可以控制电动机停转；而启动按钮开关或接点则可以并联使用。

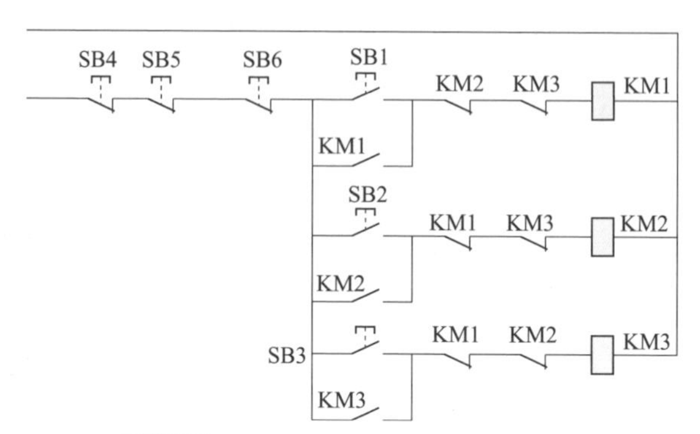

图5-56 启动/停止按钮开关的串并联

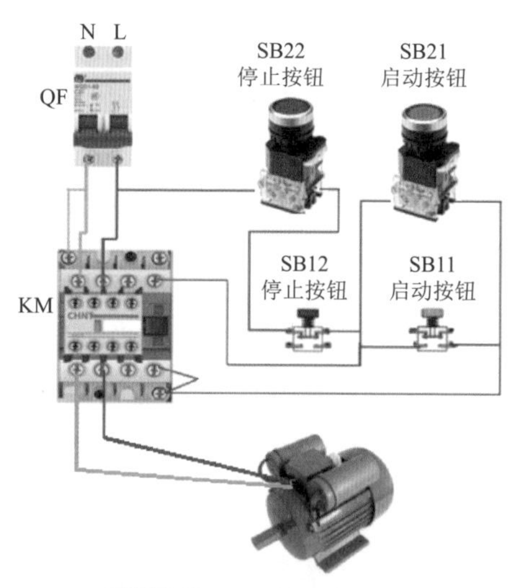

图5-57 电路接线组装图

二十三 电磁抱闸制动控制电路（图5-58和图5-59）

按下按钮 SB1，接触器 KM 线圈获电动作，给电动机通电。电磁抱闸的线圈 ZT 也通电，铁芯吸引衔铁而闭合，同时衔铁克服弹簧拉力，使制动杠杆向上移动，让制动器的闸瓦与闸轮松开，电动机正常工作。按下停止按钮 SB2 之后，接触器 KM 线圈断电释放，电动机的电源被切断，电磁抱闸的线圈也断电，衔铁释放，在弹簧拉力的作用下使闸瓦紧紧抱住闸轮，电动机就迅速被制动停转。这种制动在起重机械上应用很广。当重物吊到一定高处，线路突然发生故障断电时，电动机断电，电磁抱闸线圈也断电，闸瓦立即抱住闸轮，使电动机迅速制动停转，从而可防止重物掉下。另外，也可利用这一点使重物停留在空中某个位置上。

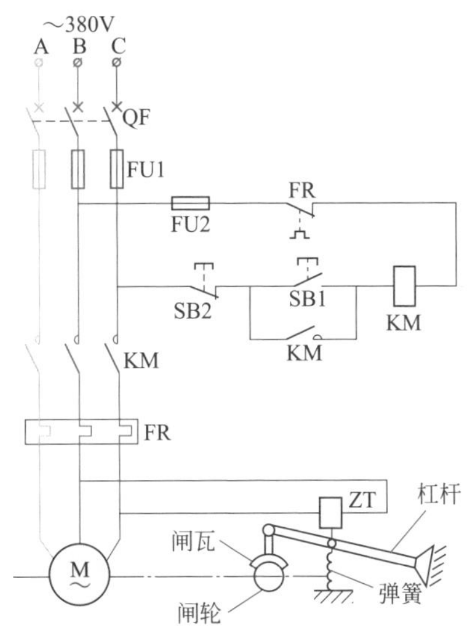

电磁抱闸制动电路

图5-58 电磁抱闸制动控制线路

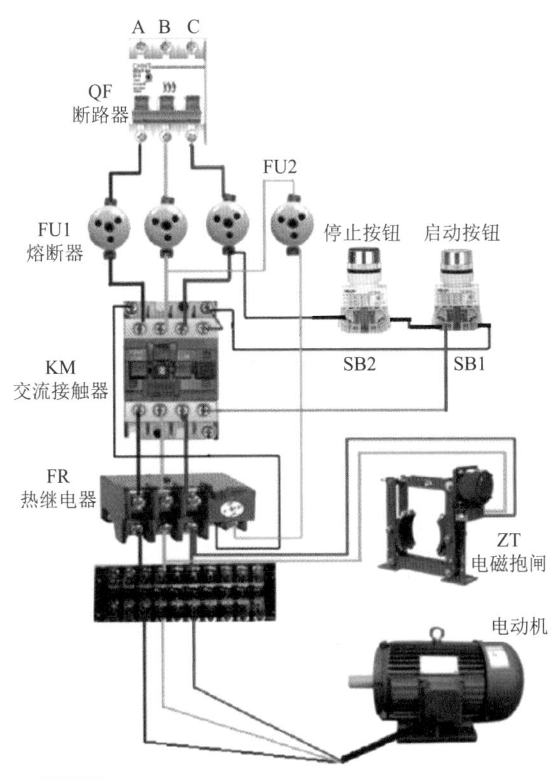

图5-59 电动机电磁抱闸制动控制线路运行电路

短接制动电路（图5-60和图5-61）

电动机短接制动电路

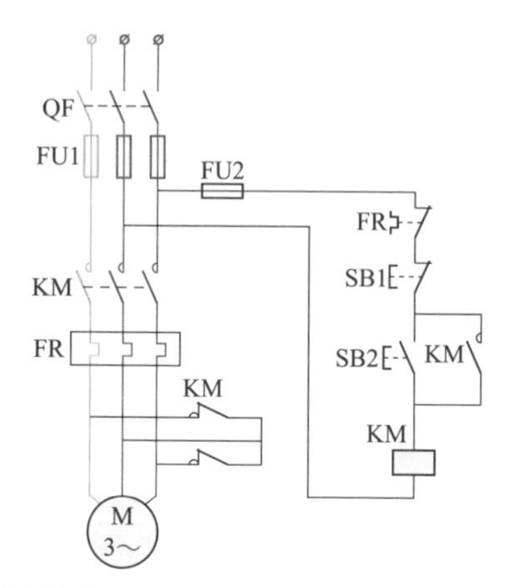

图5-60　异步电动机短接制动控制线路

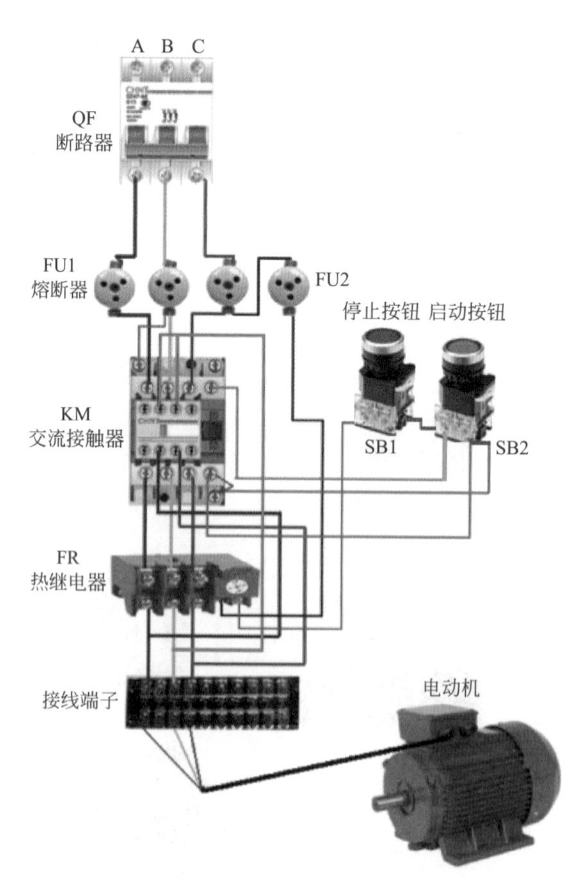

图5-61　短接制动电路接线图

短接制动是电磁制动的一种。在定子绕组供电电源断开的同时，将定子绕组短接，由于转子存在剩磁，形成了转子旋转磁场，此磁场切割定子绕组，在定子绕组中感应电动势。因定子绕组已被 KM 常闭触点（动断触点）短接，所以在定子绕组回路中有感应电流，该电流又与旋转磁场相互作用产生制动转矩，从而迫使电动机迅速制动停转。

启动时，合上电源开关 QF，按动启动按钮开关 SB2，此时交流接触器 KM 得电吸合并自锁，其两常闭辅助触点断开，对电路无影响，主触点闭合，电动机启动运行。

需要停机时，按动停止按钮开关 SB1，交流接触器 KM 断电，其主触点断开，电动机 M 的电源被切断，KM 的两副常闭触点将电动机定子绕组短接，此时转子在惯性作用下仍然转动。由于转子存在剩磁，因而形成转子旋转磁场，在切割定子绕组后，在定子绕组里产生感应电动势，因定子绕组已被 KM 短接，所以定子绕组回路中就有感应电流，该电流产生旋转磁场，与转子旋转磁场相互作用，产生制动转矩，迫使转子迅速停止。

二十五　自动控制能耗制动电路（图5-62和图5-63）

能耗制动是在三相异步电动机要停车时切除三相电源的同时，把定子绕组接通直流电源，在转速为零时切除直流电源。控制线路就是为了实现上述的过程而设计的，这种制动方法，实质上是把转子原来储存的机械能转变成电能，又消耗在转子的制动上，所以称能耗制动。

图 5-62 中整流装置由变压器和整流元件组成。KM2 为制动用交流接触器。要停车时按动 SB1 按钮开关，到制动结束放开按钮开关。控制线路启动 / 停止的工作过程如下：

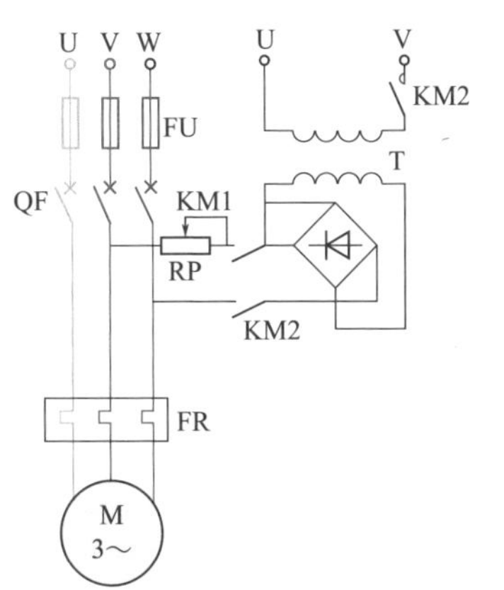

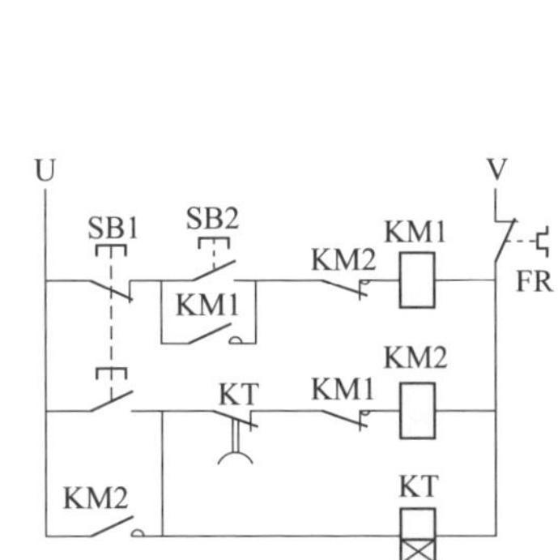

电机能耗制动控制线路

图5-62　自动控制能耗制动电路

主回路：合上 QF →主电路和控制线路接通电源→变压器需经 KM2 的主触点接入电源（初级）和定子线圈（次级）。

控制回路：

① 启动：按动 SB2，KM1 得电，电动机正常运行。

② 能耗制动：按动 SB1，KM1 失电，电动机脱离三相电源。KM1 常闭触点复原，KM2 得电并自锁，（通电延时）时间继电器 KT 得电，KT 瞬动常开触点闭合。

KM2 主触点闭合，电动机进入能耗制动状态，电动机转速下降，KT 整定时间到，KT 延时断开常闭触点（动断触点）断开，KM2 线圈失电，能耗制动结束。

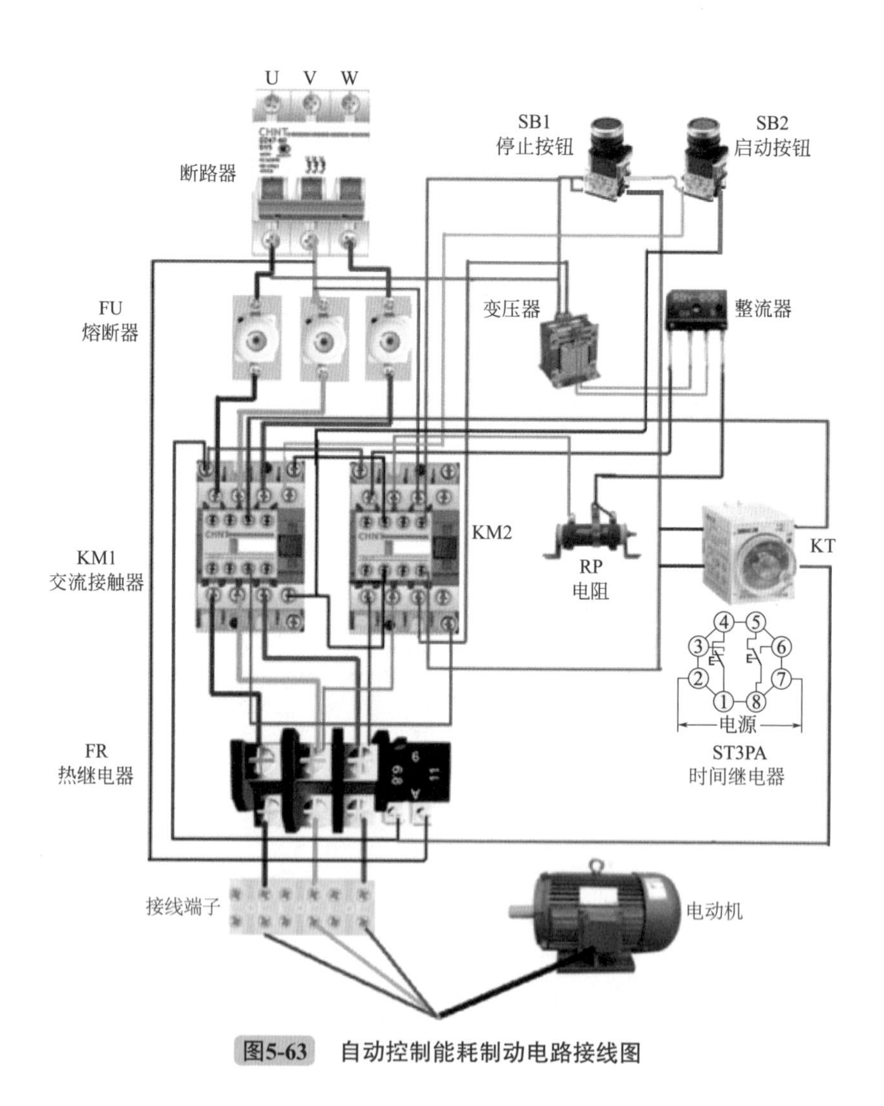

图5-63 自动控制能耗制动电路接线图

二十六 单向运转反接制动电路（图5-64和图5-65）

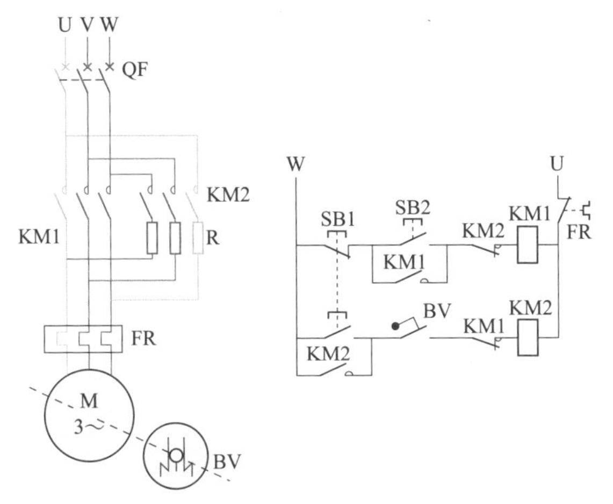

图5-64 单向运转反接制动电路图

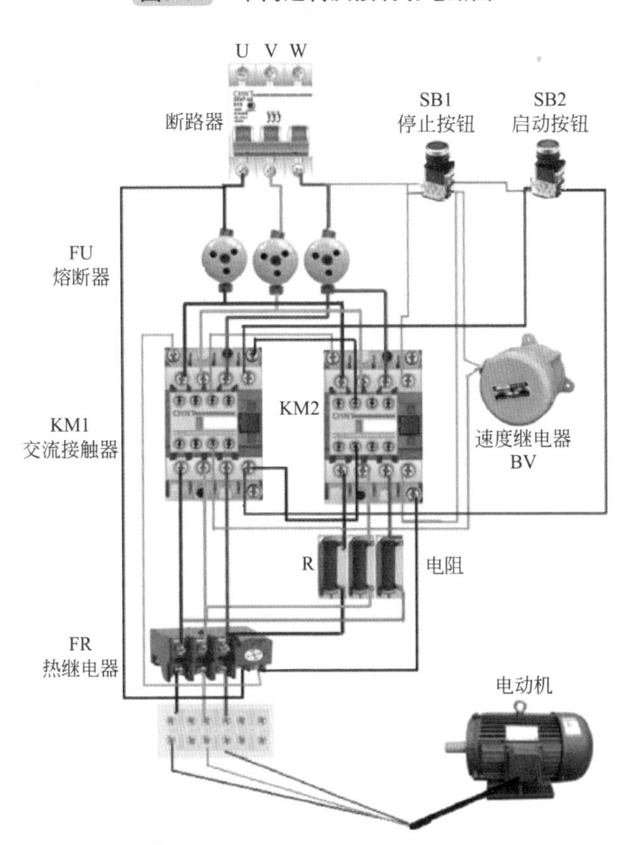

图5-65 单向运转反接制动电路接线图

反接制动实质上是改变异步电动机定子绕组中的三相电源相序，产生与转子转动方向相反的转矩，因而起制动作用。

反接制动过程：当想要停车时，首先将三相电源切换，然后当电动机转速接近零时，再将三相电源切除。控制线路就是要实现这一过程。

控制线路是用速度继电器来“判断”电动机的停与转的。电动机与速度继电器的转子是同轴连接在一起的，电动机转动时速度继电器的动合触点闭合，电动机停止时该动合触点打开。

正常工作时，按 SB2，KM1 通电（电动机正转运行），BV 的动合触点闭合。需要停止时，按 SB1，KM1 断电，KM2 通电（开始制动），电动机转速为零时，BV 复位，KM2 断电（制动结束）。因电动机反接制动电流很大，故在主回路中串接 R，可防止制动时电动机绕组过热。

二十七 双速电动机高低速控制电路（图5-66和图5-67）

双速电动机是由改变定子绕组的磁极对数来改变其转速的。将出线端 D1、D2、D3 接电源，D4、D5、D6 端悬空，则绕组为三角形接法，每相绕组中两个线圈串联，成四个极，电动机为低速；若出线端 D1、D2、D3 短接，而 D4、D5、D6 接电源，则绕组为双星形，每相绕组中两个线圈并联，成两个极，电动机为高速。

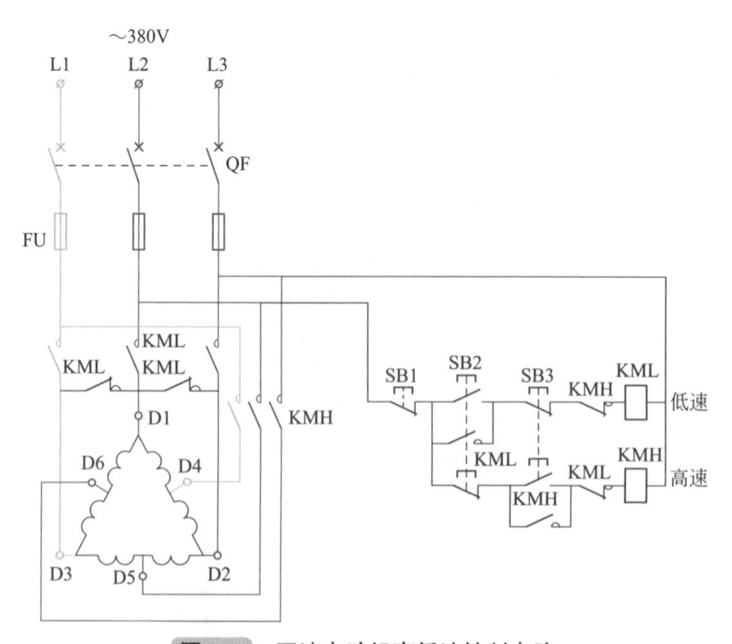

图5-66 双速电动机高低速控制电路

图 5-66 中，交流接触器 KML 动作为低速，KMH 动作为高速。用复合按钮开关 SB2 和 SB3 来实现高低速控制。采用复合按钮开关联锁，可使高低速直接转换，而不必经过停止按钮开关。

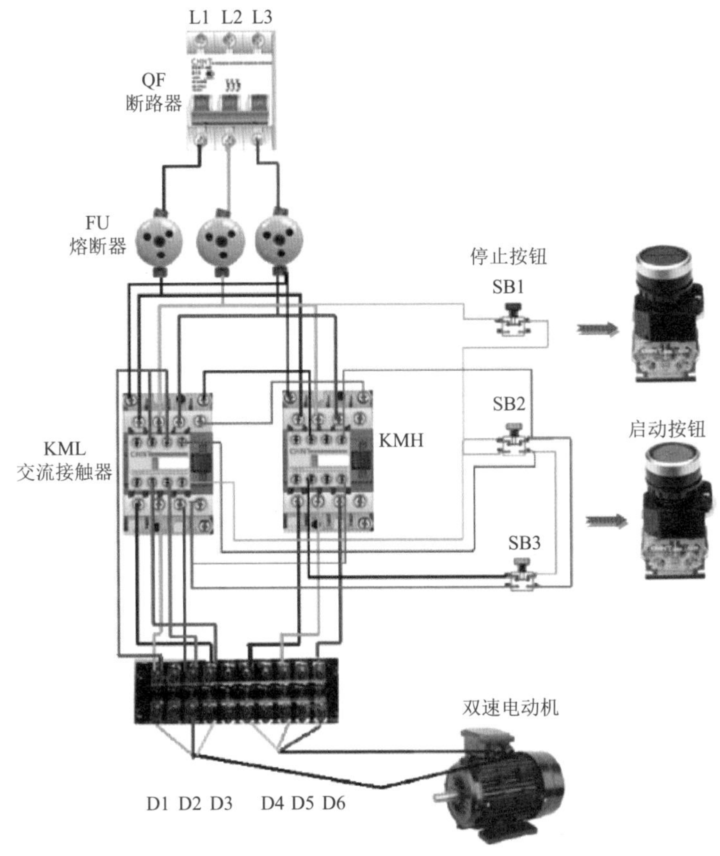

图5-67 双速电动机高低速控制电路接线图

二十八 多速电动机调速电路（图5-68和图5-69）

接通电源，合上电源开关 QF，按动低速启动按钮开关 SB1，交流接触器 KM1 线圈获电，联锁触点断开，自锁触点闭合，KM1 主触点闭合，电动机定子绕组作△连接，电动机低速运转。

高速运转时，按动高速启动按钮开关 SB2，交流接触器 KM1 线圈断电释放，主触点断开，联锁触点闭合，同时交流接触器 KM2 和 KM3 线圈获电动作，主触点闭合，KM2 和 KM3 自锁，使电动机定子绕组接成双 YY 并联，电动机高速运转，因为电动机高速运转时，是由 KM2、KM3 两个交流接触器来控制的，所以把它们的常开触点串联起来作为自锁，只有两个触点都闭合，才允许工作。

电动机调速控制电路

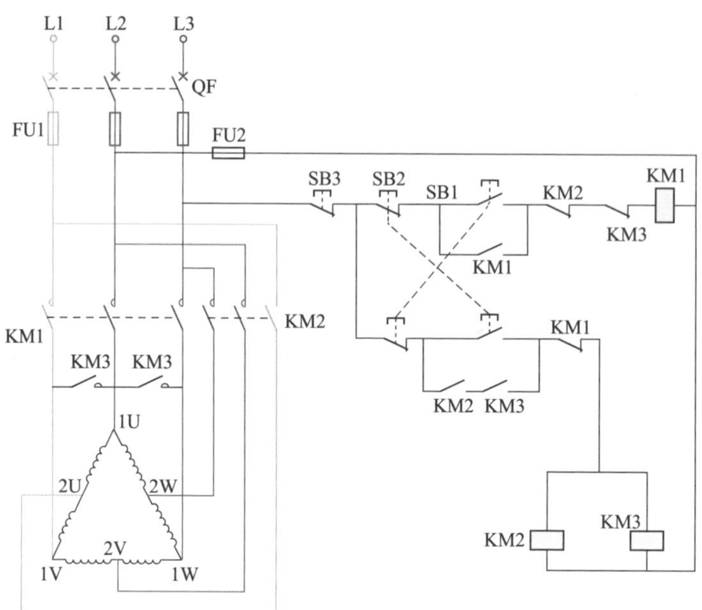

图5-68 改变极对数的多速电动机调速电路

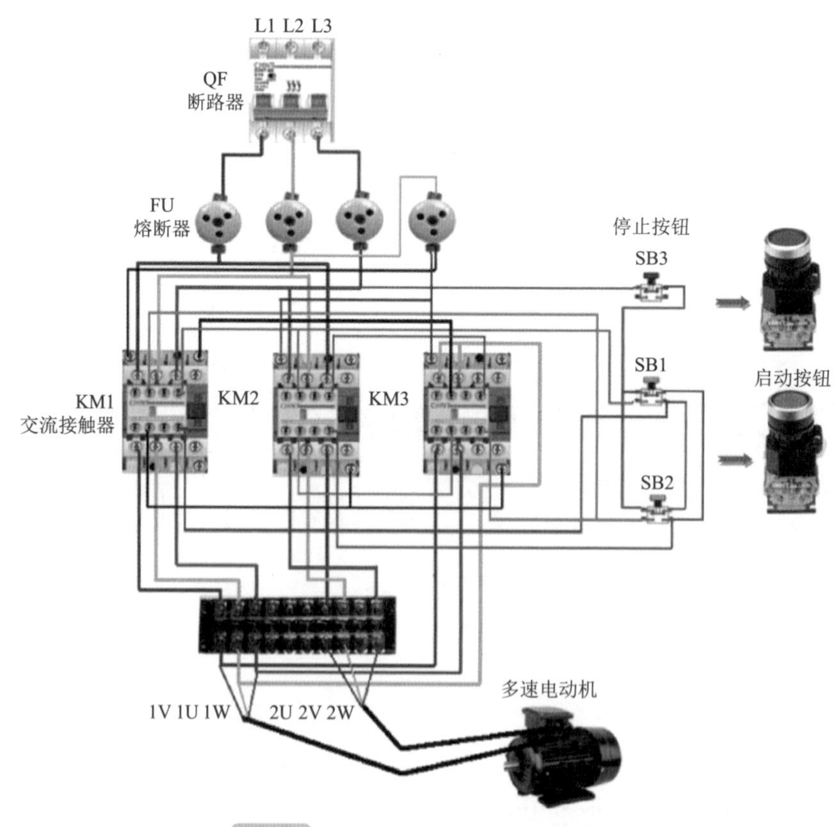

图5-69 多速电动机调速电路接线图

二十九　时间继电器自动控制双速电动机的控制电路（图5-70和图5-71）

时间继电器自动控制双速电动机的电路停机状态：当开关 S 扳到中间位置时，电动机处于停止状态。

低转速状态：把 S 扳到“低速”的位置时，交流接触器 KM1 线圈获电动作，电动机定子绕组的 3 个出线端 1U、1V、1W 与电源连接，电动机定子绕组接成△，以低速运转。

高速运转状态：把 S 扳到“高速”的位置时，时间继电器 KT 线圈首先获电动作，使电动机定子绕组接成△，首先以低速启动。经过一定的整定时间，时间继电器 KT 的常闭触点延时断开，交流接触器 KM1 线圈获电动作，紧接 KM3 交流接触器线圈也获电动作，使电动机定子绕组被交流接触器 KM2、KM3 的主触点换接成双☆以高速运转。

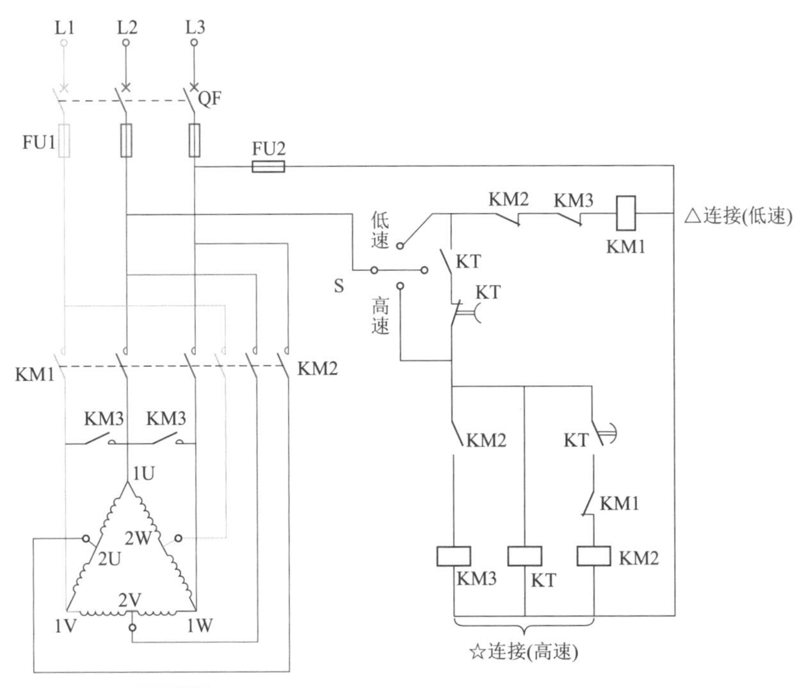

图5-70　时间继电器自动控制双速电动机的控制电路

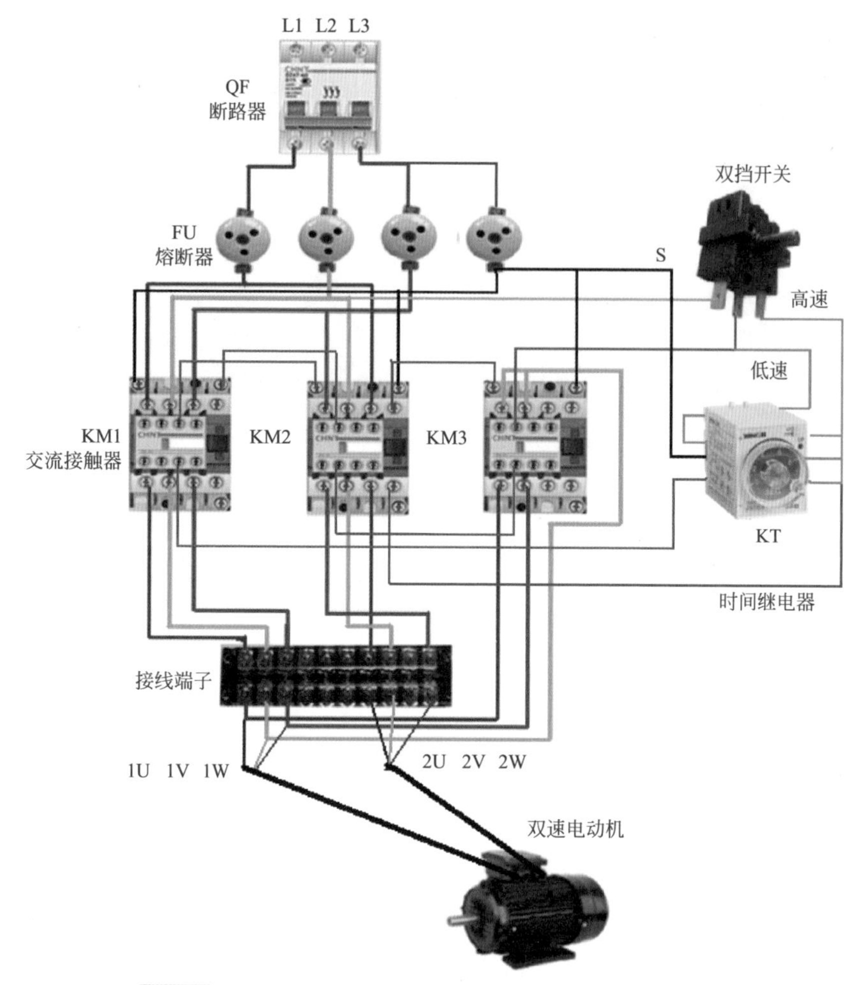

图5-71 时间继电器自动控制双速电动机运行电路接线图

三十 绕线转子电动机调速电路（图5-72和图5-73）

绕线转子电动机调速电路实际是应用串联电阻降压控制的调速电路，当手轮处在左边“1”位置或右边“1”位置，使电动机转动时，其电阻全部串入转子电路，这时转速最低，只要手轮继续向左或向右转到“2”“3”“4”“5”位置，触点Z1—Z6、Z2—Z6、Z3—Z6、Z4—Z6、Z5—Z6依次闭合，随着触点的闭合，逐步切除电路中的电阻，每切除一部分电阻电动机的转速就相应升高一点，那么只要控制手轮的位置，就可控制电动机的转速。

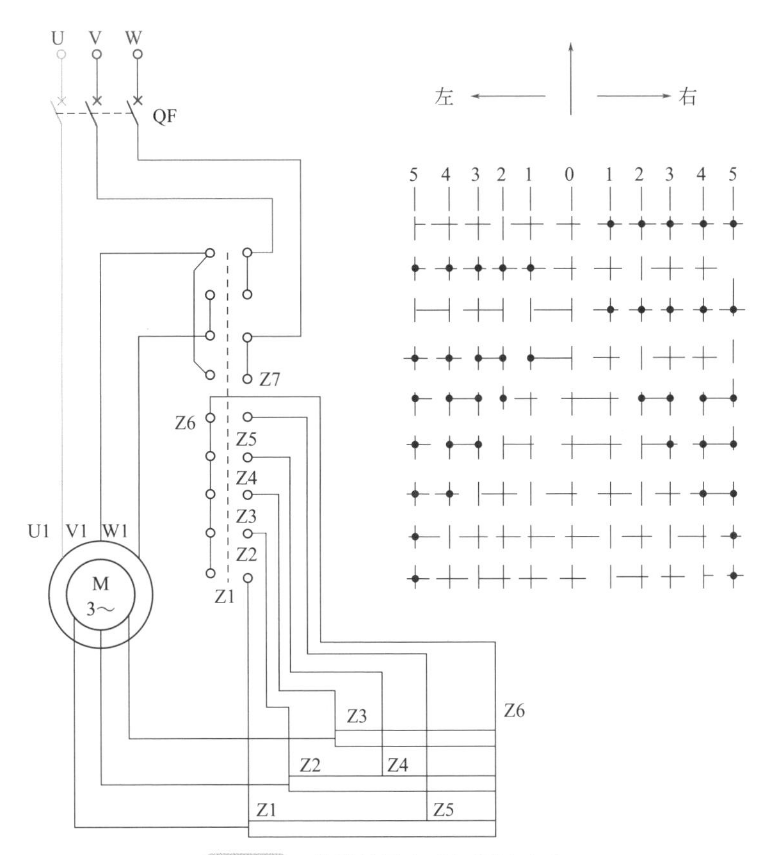

图5-72　绕线转子电动机调速电路

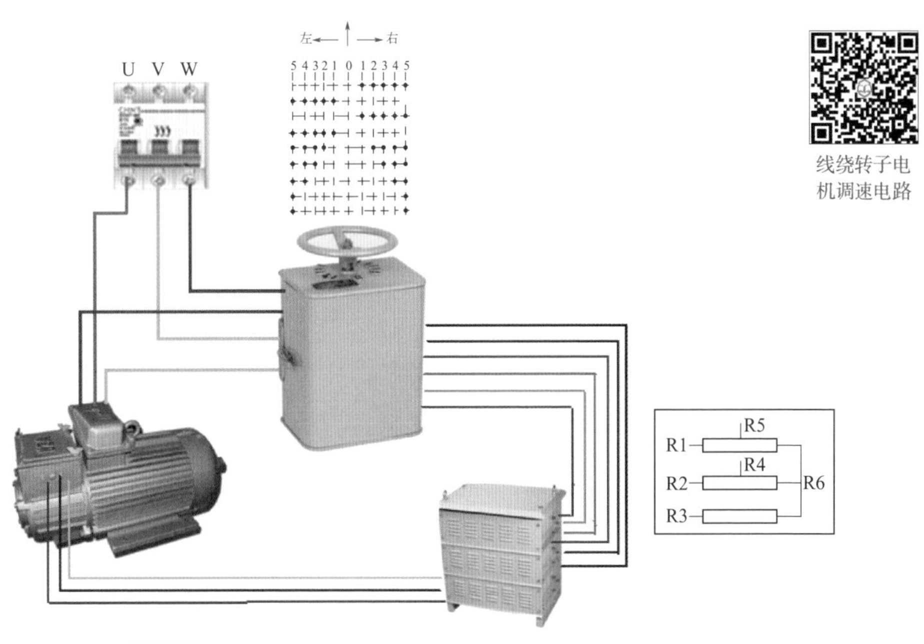

线绕转子电
机调速电路

图5-73　控制电路接线和绕线转子电动机调速电路运行图

热继电器过载保护与欠压保护电路（图5-74）

热继电器过载保护与欠压保护电路同时具有欠电压与失压保护作用。

电机热保护及欠压保护电路

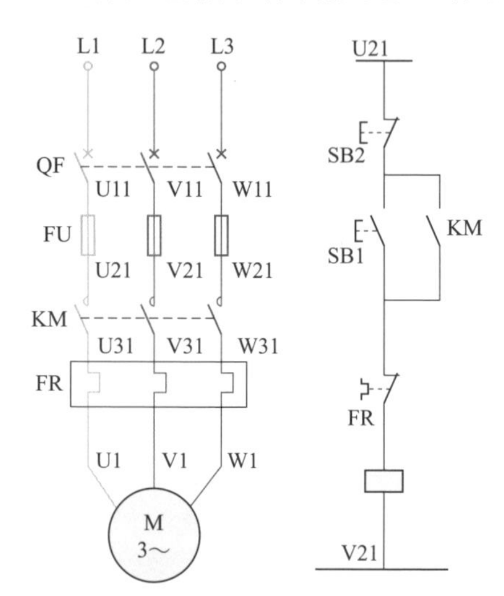

图5-74　热继电器过载保护与欠压保护电路

当电动机运转时，电源电压降低到一定值（一般降低到额定电压的 85%）时，由于交流接触器线圈磁通减弱，电磁吸力克服不了反作用弹簧压力，动铁芯释放，从而使主触点断开，自动切断主电路，电动机停转，达到欠压保护。

过载保护：线路中将热继电器的发热元件串在电动机的定子回路，当电动机过载时，发热元件过热，使双金属片弯曲到能推动脱扣机构动作，从而使串接在控制回路中的动断触点 FR 断开，切断控制电路，使线圈 KM 断电释放，交流接触器主触点 KM 断开，电动机失电停转。

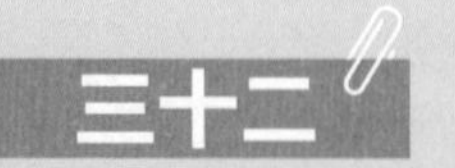

开关联锁过载保护电路（图5-75和图5-76）

联锁保护过程：通过正向交流接触器 KM1 控制电动机运转，欠压继电器 KV 起零压保护作用，在该线路中，当电源电压过低或消失时，欠压继电器 KV 就要释放，交流接触器 KM1 马上释放；当过流时，在该线路中，过流继电器 KA 就要释放，交流接触器 KM1 马上释放。

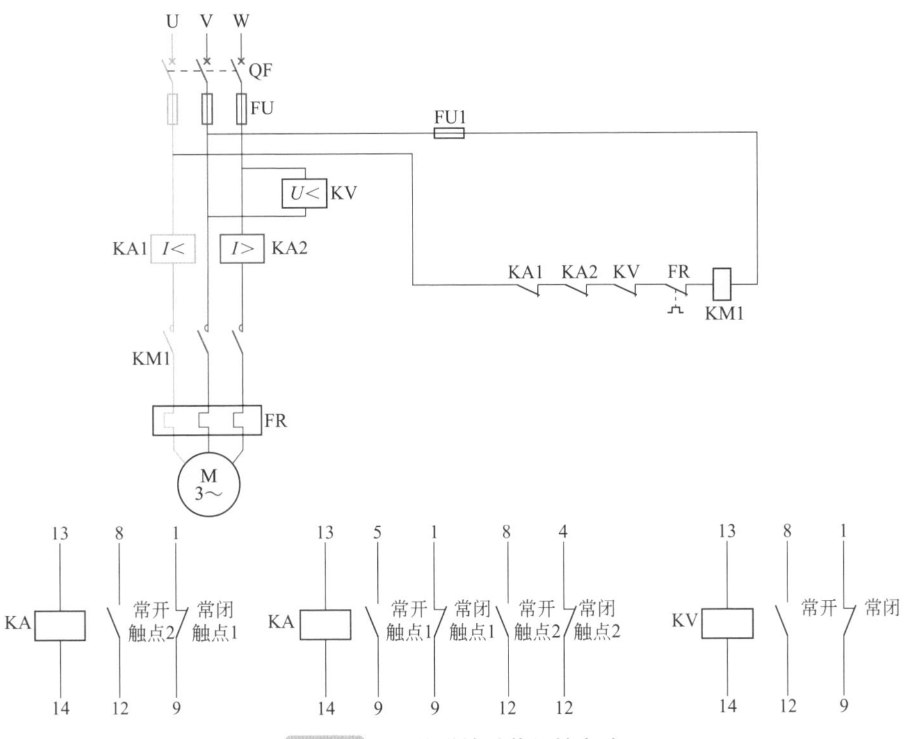

图5-75　开关联锁过载保护电路

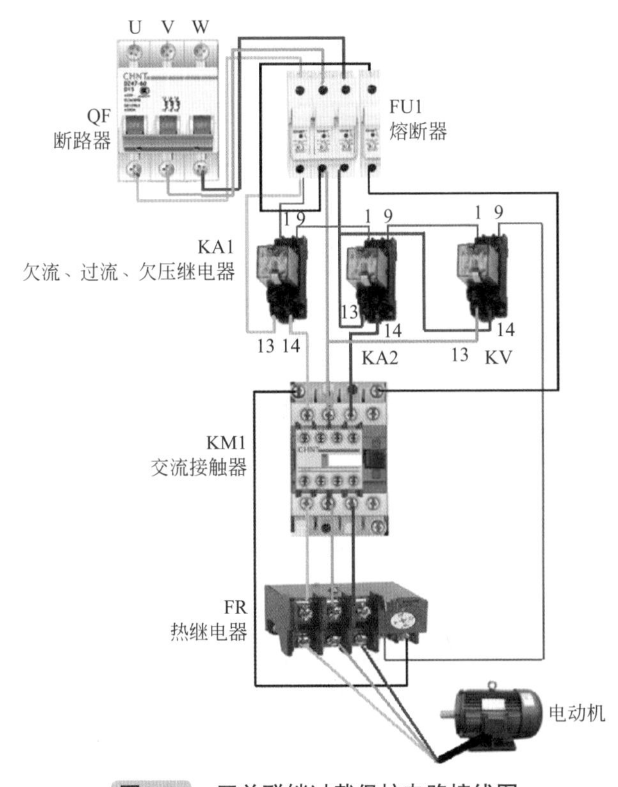

图5-76　开关联锁过载保护电路接线图

三十三 中间继电器控制的缺相保护电路（图5-77和图5-78）

中间继电器控制缺相保护电路

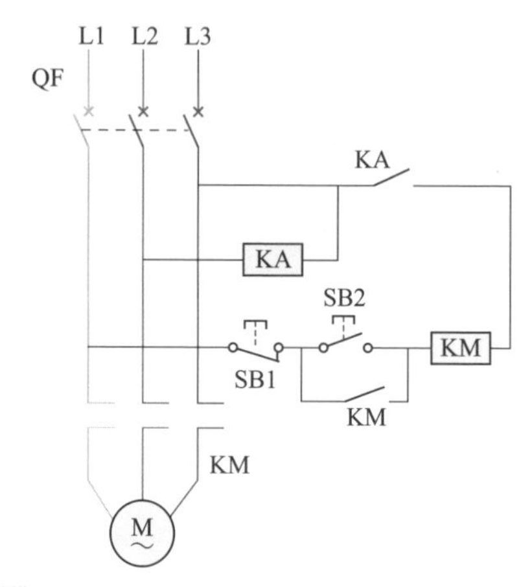

图5-77 由一只中间继电器构成的缺相保护电路

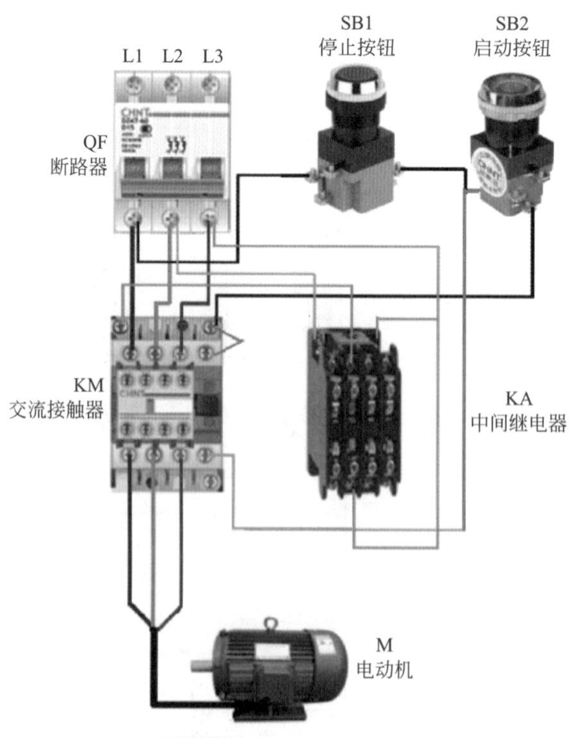

图5-78 控制线路接线图

当合上三相空气开关 QF 以后，三相交流电源中的 L2、L3 两相电压加到中间继电器 KA 线圈两端使其得电吸合，其 KA 常开触点闭合。如果 L1 相因故障缺相，则 KM 交流接触器线圈失电，其 KM1、KM2 触点均断开；若 L2 相或 L3 相缺相，则中间继电器 KA 和交流接触器 KM 线圈同时失电，它们的触点会同时断开，从而起到了保护作用。

三十四 电容断相保护电路（图5-79和图5-80）

工作原理：由三只电容器接成一个人为中性点，当电动机正常运行时，人为中性点的电压为零，电容器 C4 两端无电压输出，继电器 KA 不动作。在电动机电源某一相断相时，人为中性点的电压就会明显上升，电压达到 12V 时，继电器 KA 便吸合，其动断触点将接触器 KM 的控制回路断开，KM 失电释放，电动机停止运行，从而达到保护电动机的目的。

此电路中，由于电动机属于感性元件，三只电容器可以补偿相位，提高电动机功率因数，减小无功功率。

电容断相保护电路

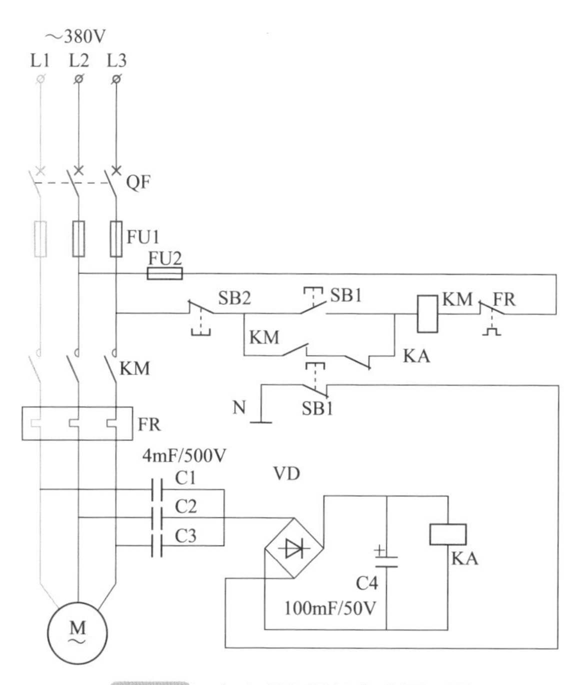

图5-79 电容断相保护电路原理图

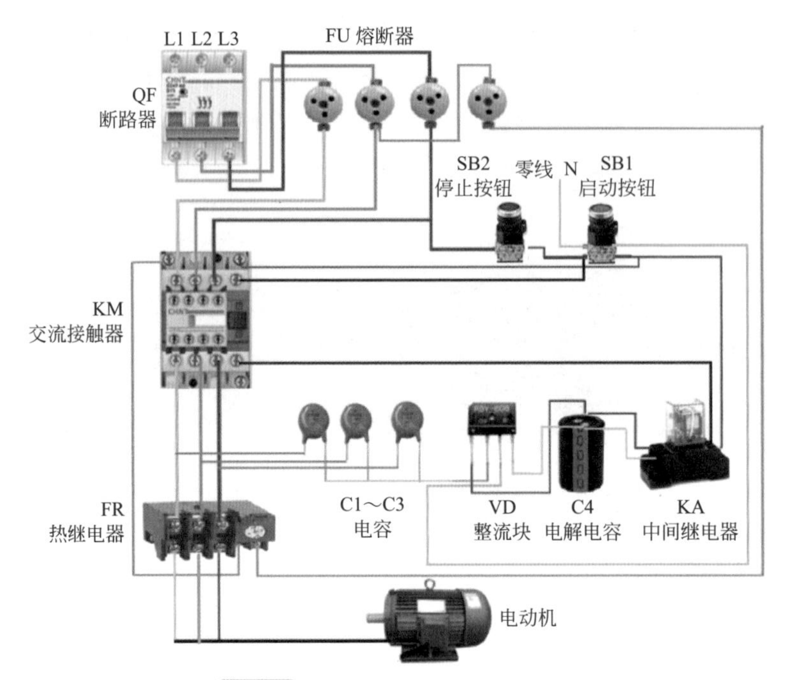

图5-80　电容断相保护电路接线图

第六章

变频器、PLC 及组合应用控制电路

一 变频器典型外围设备连接电路（图6-1和图6-2）

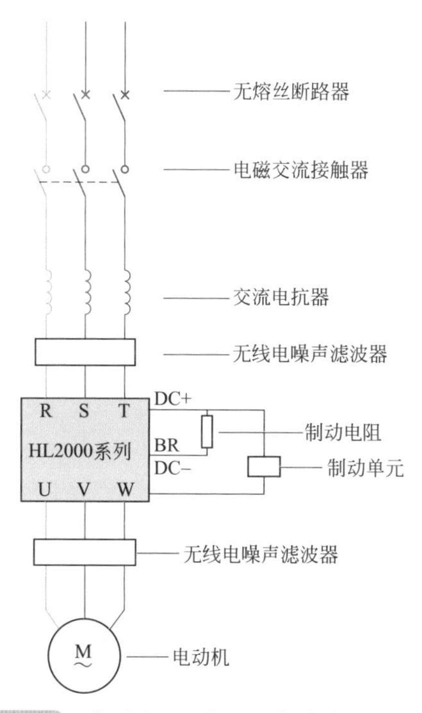

图6-1 典型外围设备和任意选件连接电路

电机变频控制线路与故障排查

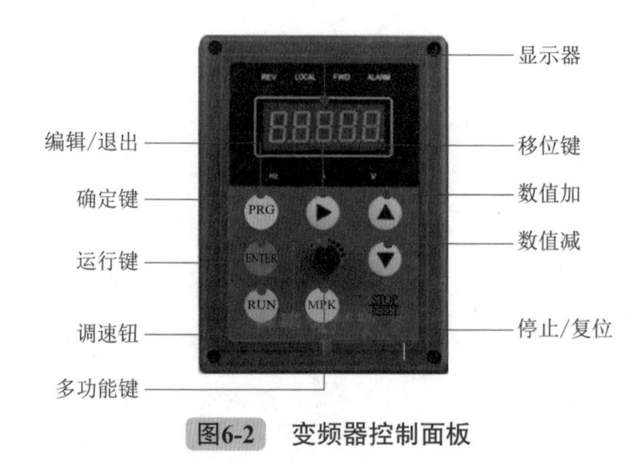

图6-2 变频器控制面板

1. 电路中各外围设备的功能说明

① 无熔丝断路器（MCCB）：用于快速切断变频器的；故障电流，并防止变频器及其线路故障导致电源故障。

② 电磁交流接触器（MC）：在变频器故障时切断主电源并防止掉电及故障后再启动。

③ 交流电抗器（ACL）：用于改善输入功率因数，降低高次谐波及抑制电源的浪涌电压。

④ 无线电噪声滤波器（NF）：用于减少变频器产生的无线电干扰（电动机变频器间配线距离小于 20m 时，建议连接在电源侧，配线距离大于 20m 时，连接在输出侧）。

⑤ 制动单元（UB）：制动力矩不能满足要求时选用，适用于大惯量负载及频繁制动或快速停车的场合。

ACL、NF、UB 为任选件。常用规格的交流电压配备电感与制动电阻选配见表 6-1、表 6-2。

表 6-1 交流电压配备电感选配表

电压/V	功率/kW	电流/A	电感/mH	电压/V	功率/kW	电流/A	电感/mH
380	1.5	4	4.8	380	22	46	0.42
	2.2	5.8	3.2		30	60	0.32
	3.7	9	2.0		37	75	0.26
	5.5	13	1.5		45	90	0.21
	7.5	18	1.2		55	128	0.18
	11	24	0.8		75	165	0.13
	15	30	0.6		90	195	0.11
	18.5	40	0.5		110	220	0.09

表 6-2　变频器制动电阻选配

电压/V	电动机功率/kW	电阻阻值/Ω	电阻功效/mH	电压/V	电动机功率/kW	电阻阻值/Ω	电阻功效/mH
380	1.5	400	0.25	380	22	30	4
	2.2	250	0.25		30	20	6
	3.7	150	0.4		37	16	9
	5.5	100	0.5		45	13.6	9
	7.5	75	0.8		55	10	12
	11	50	1		75	13.6/2	18
	15	40	1.5		90	20/3	18
	18.5	30	4		110	20/3	18

⑥ 漏电保护器：由于变频器内部、电动机内部及输入 / 输出引线均存在对地静电容，又因 HL2000 系列变频器为低噪型，所用的载波较高，因此变频器的对地漏电较大，大容量机种更为明显，有时甚至会导致保护电路误动作。遇到上述问题时，除适当降低载波频率、缩短引线外还应安装漏电保护器。

2. 控制面板

控制面板上包括显示和控制按键及调整旋钮等部件，不同品牌的变频器其面板按键布局不尽相同，但功能大同小异。

二　单相变频器用于单相电动机启动运行控制电路（图6-3和图6-4）

由于电路直接输出 220V，因此输出端直接接 220V 电动机即可，电动机可以是电容运行电动机，也可以是电感启动电动机。

它的输入端为 220V 直接接至 L、N 两端，输出端输出为 220V，是由 L1、N1 端子输出的。当正常接线以后，正确设定工作项进入变频器的参数设定状态以后，电动机就可以按照正常工作项运行，对于外边的按钮开关、接点，某些功能是可以不接的，比如外部调整电位器，如果不需要远程控制，根本不需要在外部端子上接调整电位器，而是直接使用控制面板上的电位器。PID 功能如果外部没有压力、液位、温度调整和调速，只需要接电动机的正向运转就可以了，然后接调速电位器。

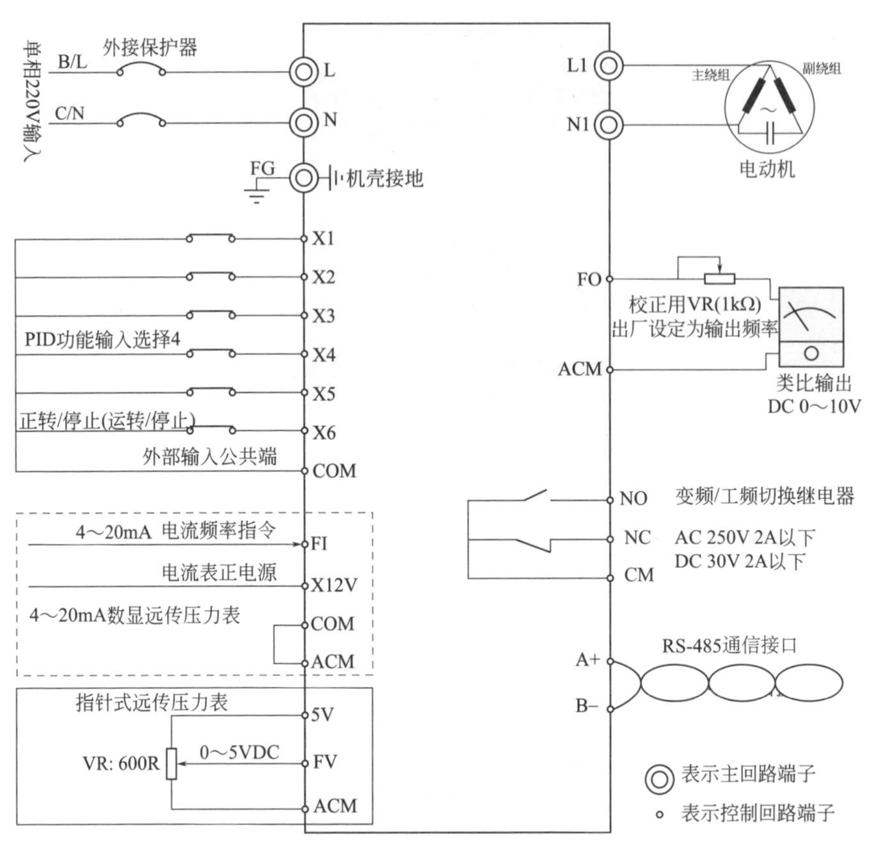

图6-3 单相220V输入单相220V输出电路原理图

单相变频器控制电机启动运行电路

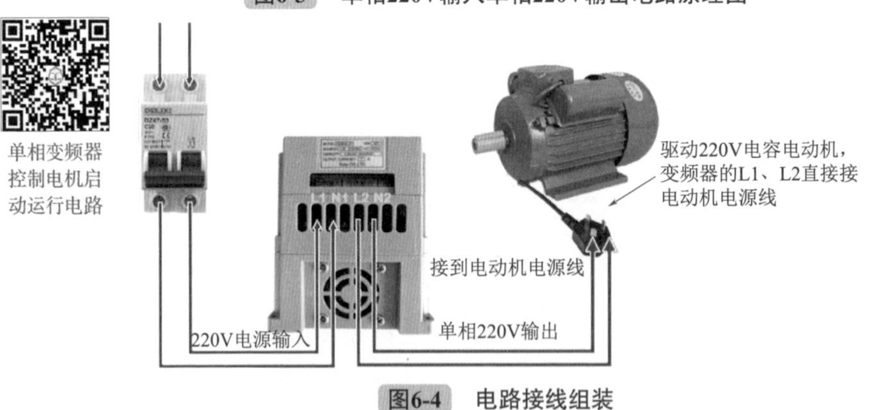

图6-4 电路接线组装

三 单相三出变频器用于单相电动机控制电路（图6-5和图6-6）

因为使用单相 220V 输入，输出的是三相 220V，所以正常情况下，接的电动机应该是一个三相电动机。注意应该是三相 220V 电动机。如果把单相 220V 输入转三相 220V 输出使用单相 220V 电动机，只要把 220V 电动机接在输出端的 U、V、W 任意两相就可以，同样这些接线开关和一些选配端子是根据需要接上相应的正转启动就可以了。可以是按钮开关，也可以是继电器进行控制，如果需要控制电动机的正反转启动，通过外配电路、正反转开关进行控制，电动机就可以实现正反转。如果需要调速，需要远程调速外接电位器，把电位器接到相应的端子就可以了。不需要远程电位器的，用面板上的电位器就可以了。

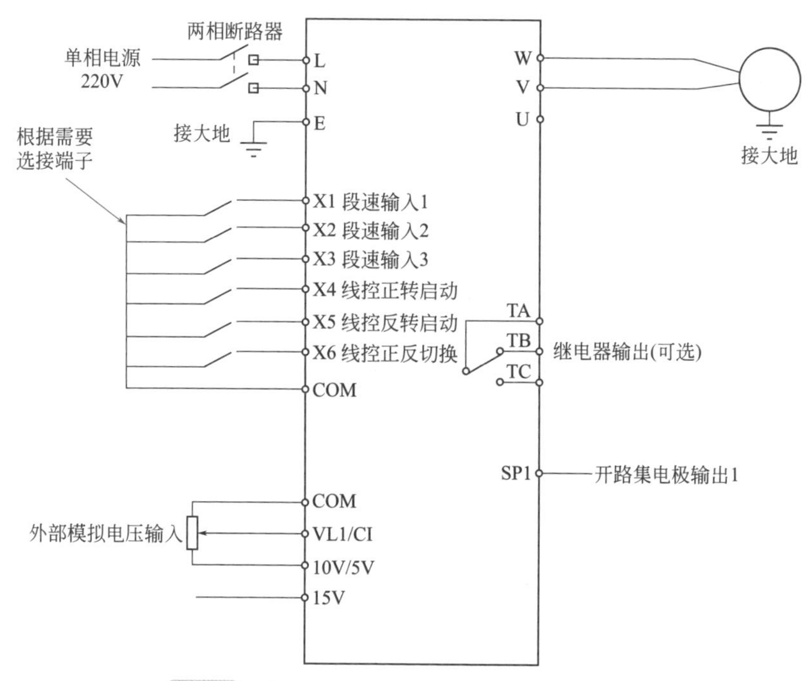

图6-5　单相220V进三相220V输出变频器电路

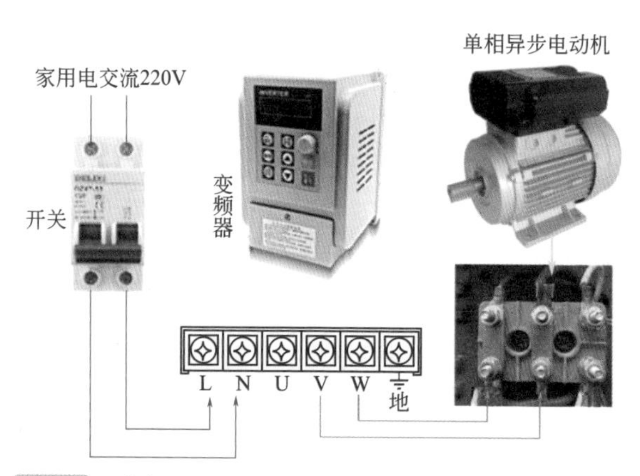

220V进三相220V出变频器电路

图6-6　单相220V进三相220V输出变频器电路实际接线

四 单相三出变频器用于三相电动机运行控制电路一（图6-7和图6-8）

注意 不同变频器的辅助功能、设置方式及更多接线方式需要查看使用说明书。

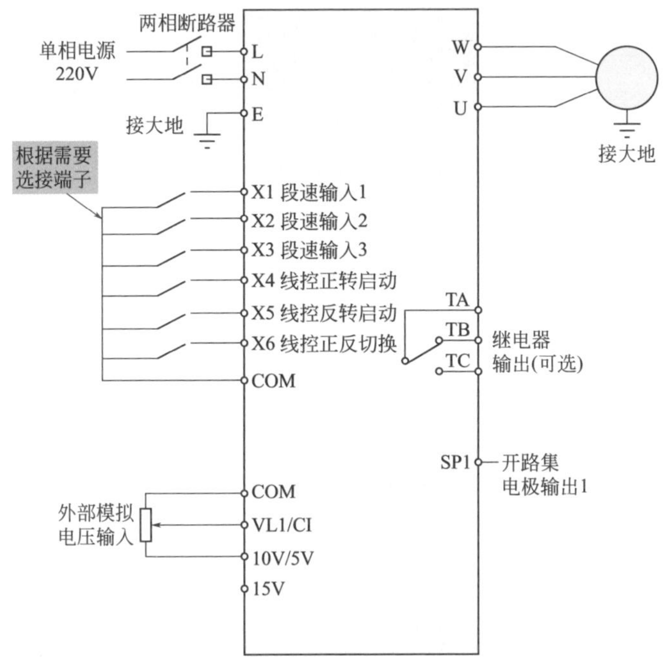

图6-7 单相220V进三相220V输出变频器用于380V电动机启动运行控制电路原理图

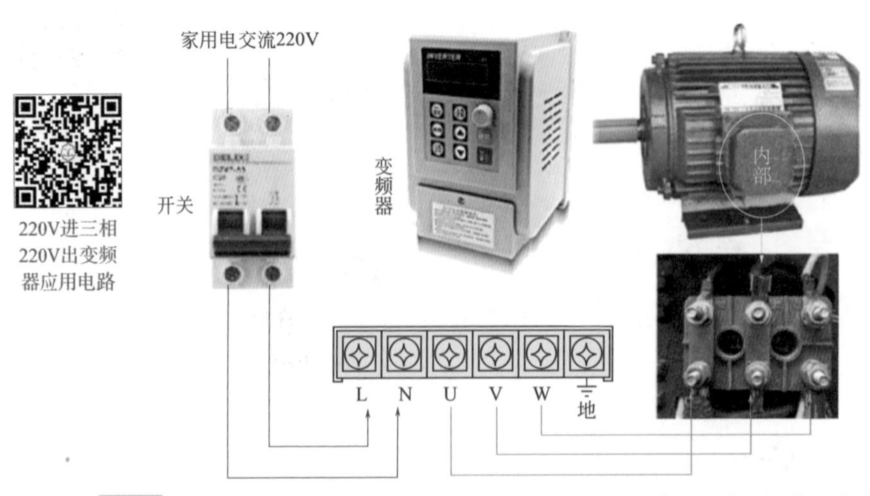

图6-8 单相220V进三相220V输出变频器用于380V电动机启动运行控制电路接线

220V 进三相 220V 输出的变频器，接三相电动机的接线电路，所有的端子是根据需要来配定的，220V 电动机上一般标有星角接，使用的是 220V 和 380V 的标识。当使用 220V 进三相 220V 输出的时候，需要将电动机接成 220V 的接法，接成星接。一般情况下，小功率三相电动机使用星接就为 220V，角接为 380V。

五　单相三出变频器用于三相电动机运行控制电路二（图6-9和图6-10）

提示 不同变频器的辅助功能、设置方式及更多接线方式需要查看使用说明书。

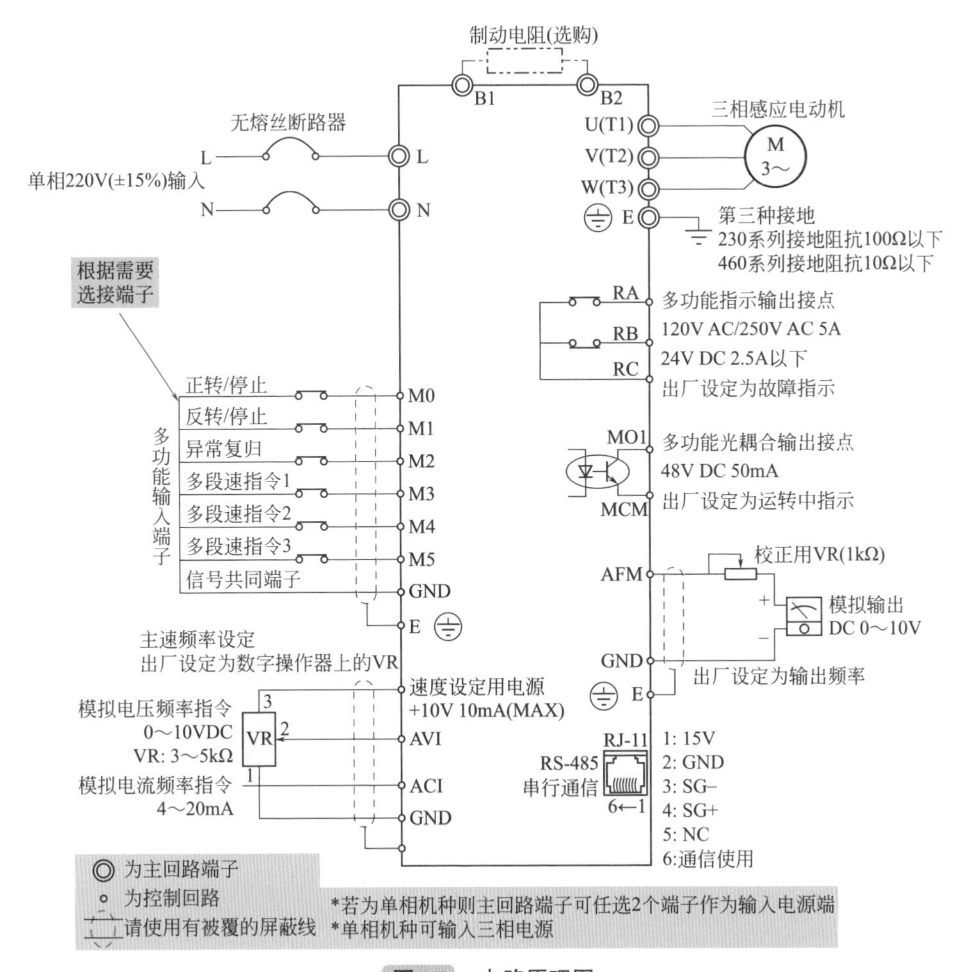

图6-9　电路原理图

输出是 380V，因此可直接在输出端接电动机，对于电动机来说，单相变三相 380V 多为小型电动机，直接使用星形接法即可。

220V进三相380V出变频器电路

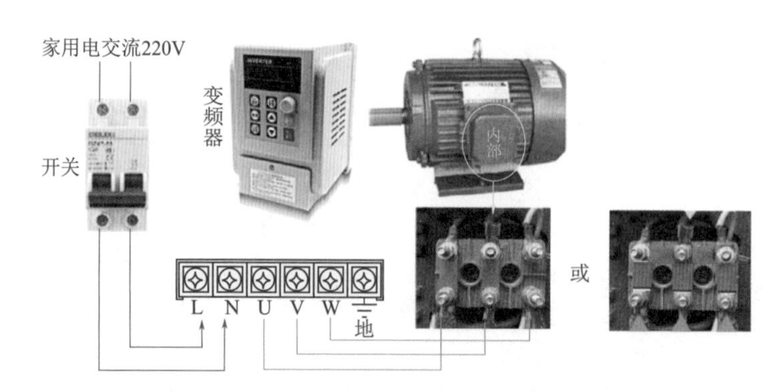

图6-10 单相220V进三相380V输出变频器电动机启动运行控制电路实际接线

六 三相三出变频器电动机控制电路（图6-11和图6-12）

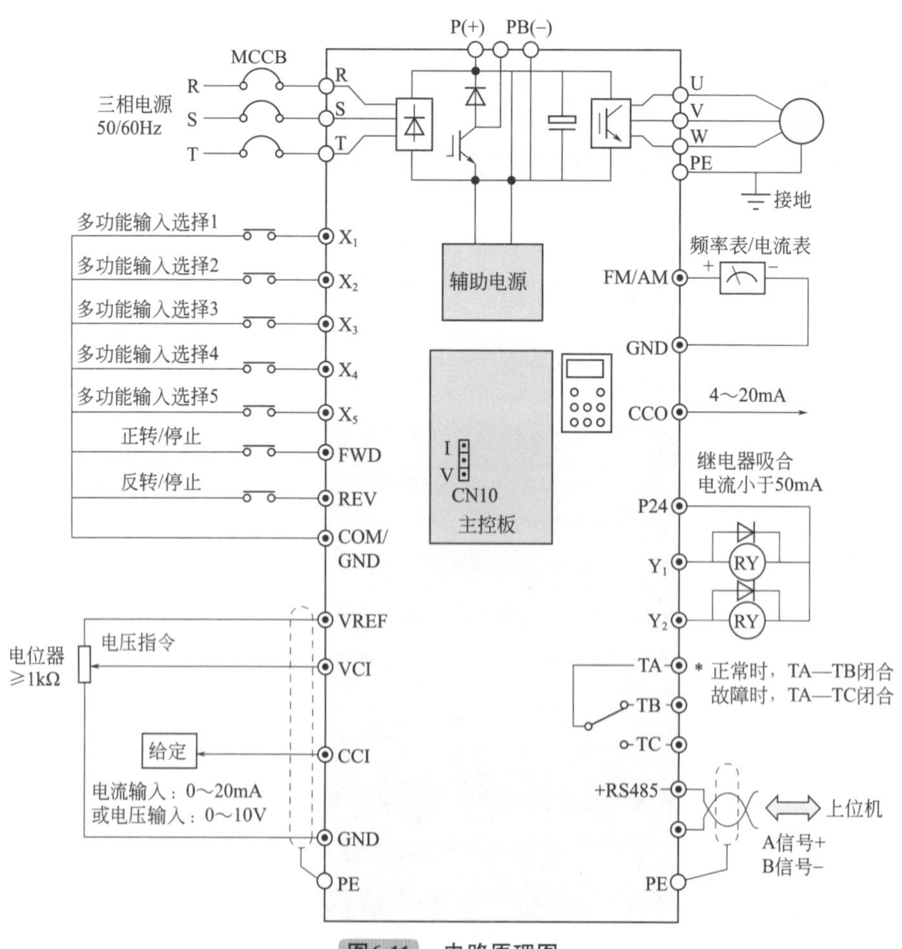

图6-11 电路原理图

注意 不同变频器的辅助功能、设置方式及更多接线方式需要查看使用说明书。

这是一套 380V 输入和 380V 输出的变频器电路，相对应的端子选择是根据所需要外加的开关完成的，如果电动机只需要正转启停，只需要一个开关就可以了，如果需要正反转启停，需要接两个端子、两个开关。需要远程调速时需要外接电位器，如果在面板上可以实现调速，就不需要接外接电位器。外配电路是根据功能接入的，一般情况下使用时，这些元器件可以不接，只要把电动机正确接入 U、V、W 就可以了。

主电路输入端子 R、S、T 接三相电的输入，U、V、W 三相电的输出接电动机，一般在设备中接制动电阻，需要制动电阻卸放掉电能，电动机就可以停转。

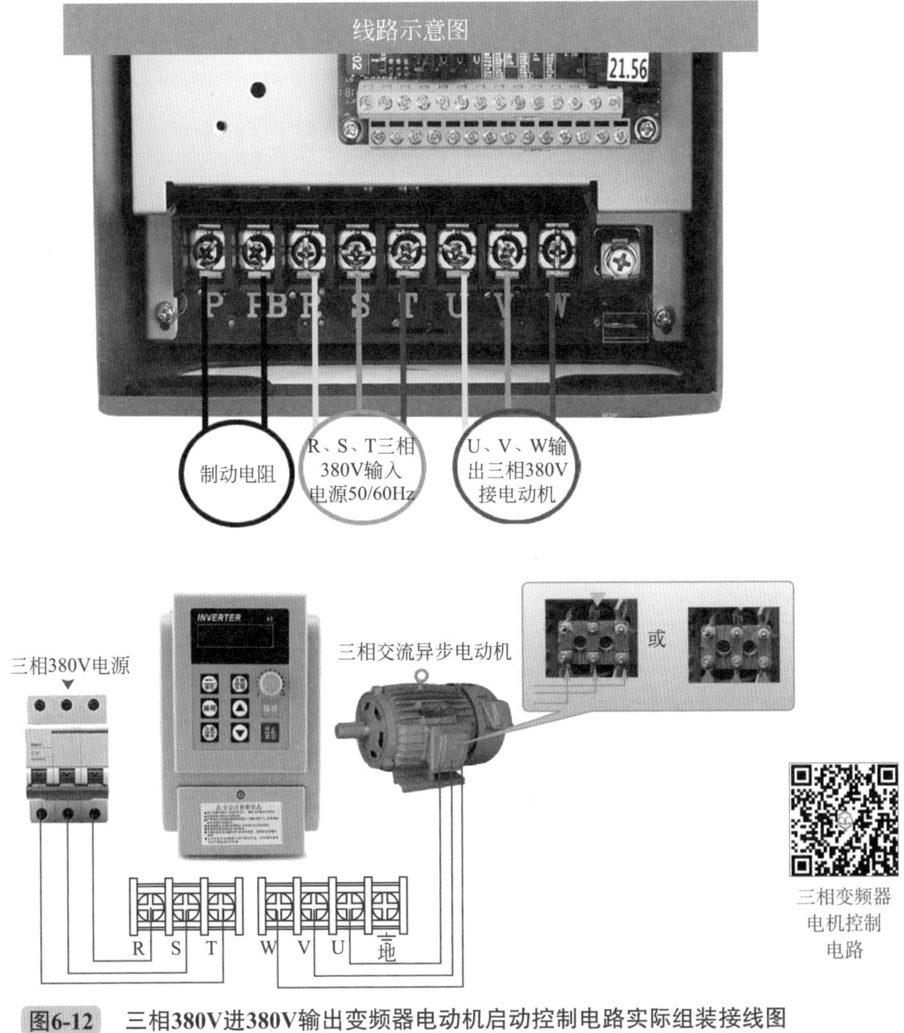

图6-12　三相380V进380V输出变频器电动机启动控制电路实际组装接线图

七 带有自动制动功能的变频器电动机控制电路（图6-13～图6-15）

1.外部制动电阻连接端子［P(+)、DB）］

一般小功率（7.5kW 以下）变频器内置制动电阻，且连接于 P(+)、DB 端子上，如果内置制动电流容量不足或要提高制动力矩，则可外接制动电阻。连接时，先从 P(+)、DB 端子上卸下内置制动电阻的连接线，并对其线端进行绝缘，然后将外部制动电阻接到 P(+)、DB 端子上。

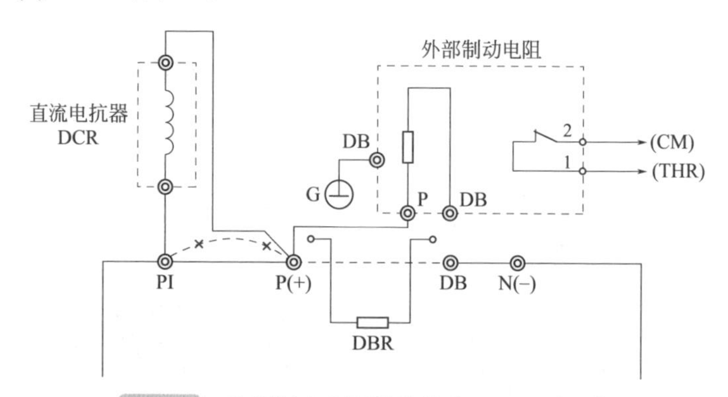

图6-13 外部制动电阻的连接（7.5kW以下）

2.直流中间电路端子［P(+)、N(−)］

对于功率大于 15kW 的变频器，除外接制动电阻 DB 外，还需对制动特性进行控制，以提高制动能力，方法是增设用功率晶体管控制的制动单元 BU 连接于 P(+)、N(-) 端子（图 6-14 中 CM、THR 为驱动信号输入端）。

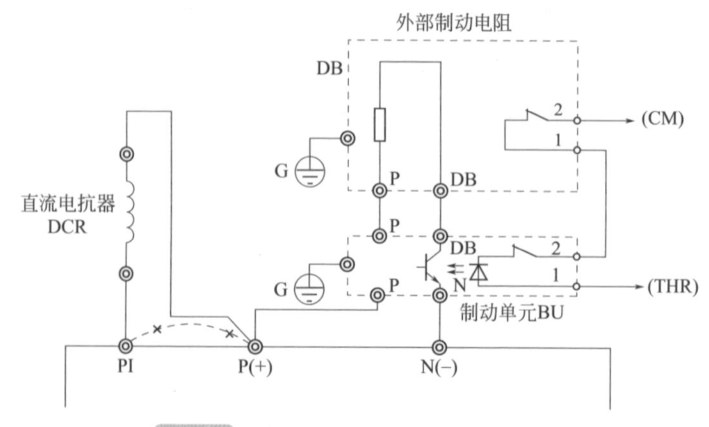

图6-14 直流电抗器和制动单元连接图

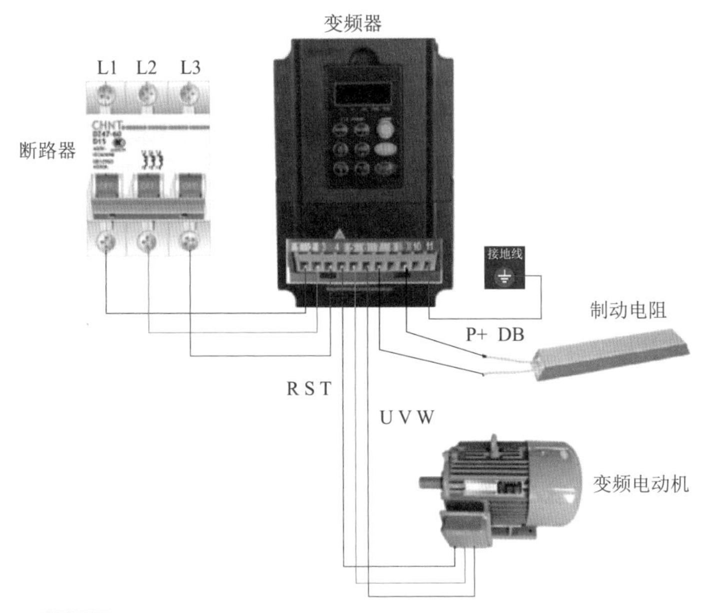

带制动功能的电机控制电路

图6-15　带有自动制动功能的变频器电动机控制电路实际接线

八　用开关控制的变频器电动机正转控制电路（图6-16～图6-18）

开关控制式正转控制电路依靠手动操作变频器 STF 端子外接开关 SA，来对电动机进行正转控制。

电路工作原理说明如下：

① 启动准备。按动按钮开关 SB2→交流接触器 KM 线圈得电→KM 常开辅助触点和主触点均闭合→KM 常开辅助触点闭合锁定 KM 线圈得电（自锁），KM 主触点闭合为变频器接通主电源。

② 正转控制。按动变频器 STF 端子外接开关 SA，STF、SD 端子接通，相当于 STF 端子输入正转控制信号，变频器 U、V、W 端子输出正转电源电压，驱动电动机正向运转。调节端子 10、2、5 外接电位器 RP，变频器输出电源频率会发生改变，电动机转速也随之变化。

③ 变频器异常保护。若变频器运行期间出现异常或故障，变频器 B、C 端子间内部等效的常闭开关断开，交流接触器 KM 线圈失电，KM 主触点断开，切断变频器输入电源，对变频器进行保护。

④ 停转控制。在变频器正常工作时，将开关 SA 断开，STF、SD 端子断开，变频器停止输出电源，电动机停转。

若要切断变频器输入主电源，可按动按钮开关 SB1，交流接触器 KM 线圈失电，KM 主触点断开，变频器输入电源被切断。

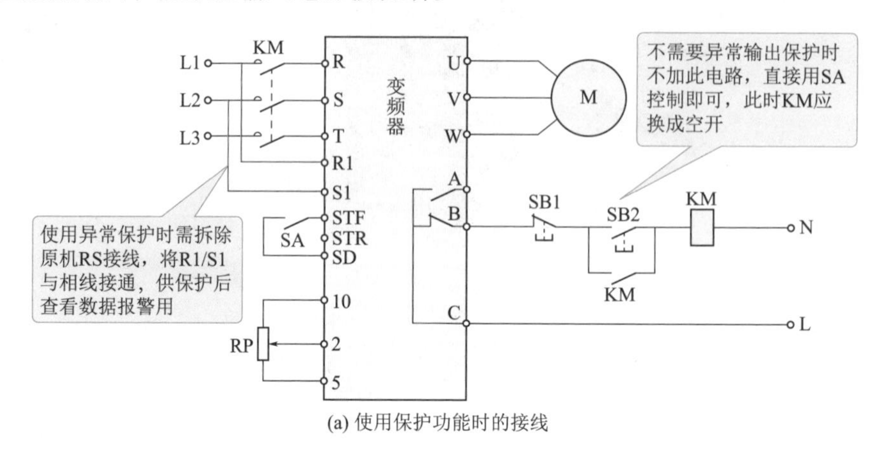

(a) 使用保护功能时的接线

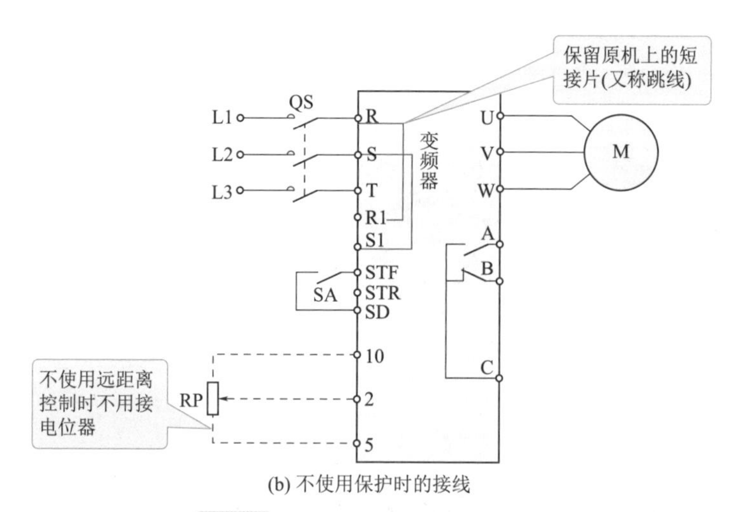

(b) 不使用保护时的接线

图6-16　开关控制式正转控制电路

提示 R1/S1 为控制回路电源，一般内部用连接片与 R/S 端子相连接，不需要外接线，只有在需要变频器主回路断电（KM 断开）、变频器显示异常状态或实现其他特殊功能时，才将 R1/S1 连接片与 R/S 端子拆开，用引线接到输入电源端。

在注意事项中，提到只有在需要变频器主回路断电（KM 断开）、变频器显示异常状态或实现其他特殊功能时才将 R1/S1 连接片与 R/S 端子拆开，用引线接到输入电源端。实际在变频调速系统运行过程中，如果变频器或负载突然出现故障，可以利用外部电路实现报警。需要注意的是，报警的参数设定，需要参看使用说明书。变频器跳闸保护是指在变频器工作出现异常时切断电源，保护变频器不被损坏。

图 6-17 所示是一种常见的变频器跳闸保护电路。变频器 A、B、C 端子为异常输出端，A、C 之间相当于一个常开开关，B、C 之间相当于一个常闭开关，在变频器工作出现异常时，A、C 接通，B、C 断开。

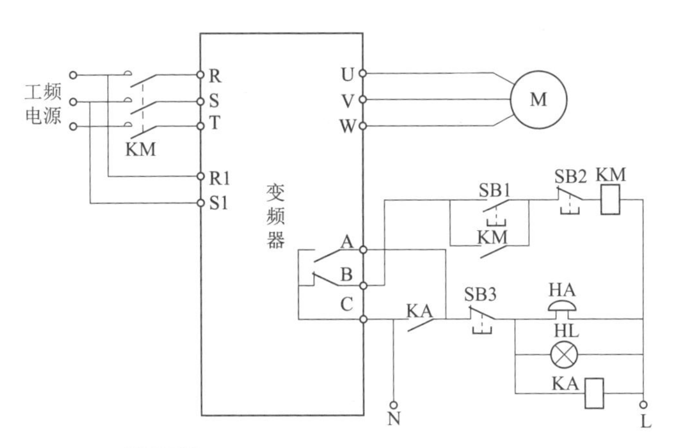

图6-17　一种常见的变频器跳闸保护电路

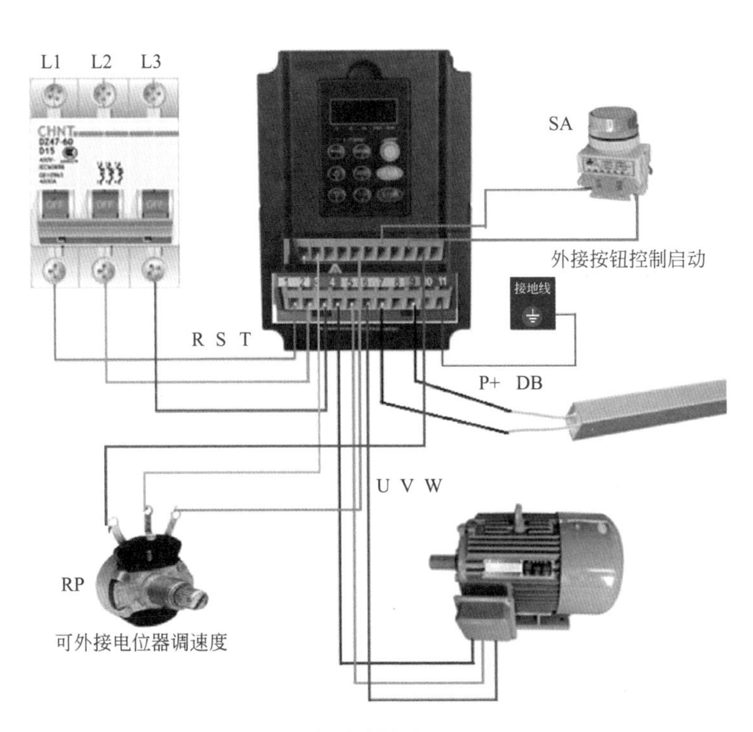

(a) 用开关直接控制启动电路

图6-18

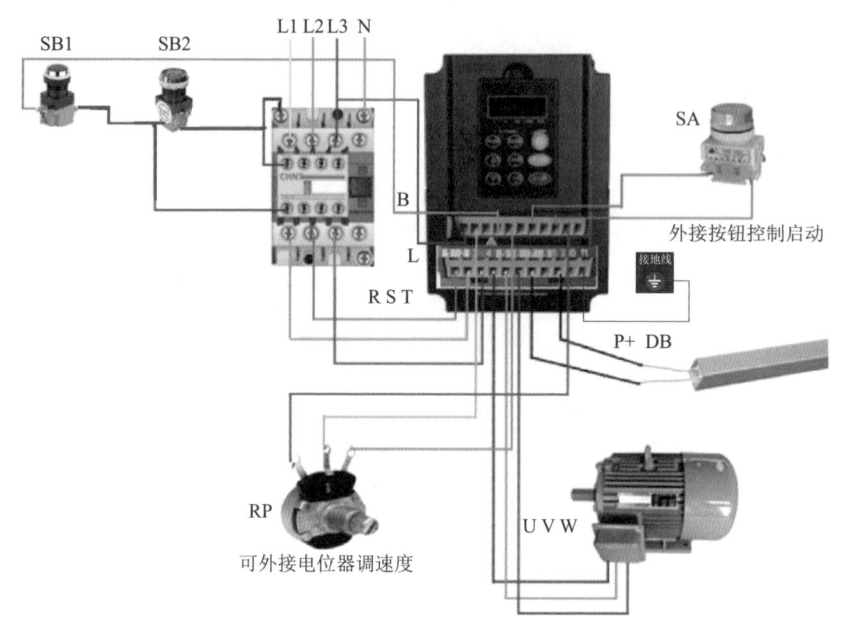

(b) 交流接触器上电控制的开关控制直接启动电路

图6-18　变频器电动机正转控制电路

电路工作过程说明如下：

① 供电控制。按动按钮开关 SB1，交流接触器 KM 线圈得电，KM 主触点闭合，工频电源经 KM 主触点为变频器提供电源，同时 KM 常开辅助触点闭合，锁定 KM 线圈供电。按动按钮开关 SB2，交流接触器 KM 线圈失电，KM 主触点断开，切断变频器电源。

② 异常跳闸保护。若变频器在运行过程中出现异常，A、C 之间闭合，B、C 之间断开。B、C 之间断开使交流接触器 KM 线圈失电，KM 主触点断开，切断变频器供电；A、C 之间闭合使继电器 KA 线圈得电，KA 触点闭合，振铃 HA 和报警灯 HL 得电，发出变频器工作异常声光报警。

按动按钮开关 SB3，继电器 KA 线圈失电，KA 常开触点断开，HA、HL 失电，声光报警停止。

③ 电路故障检修。当此电路出现故障时，主要用万用表检查 SB1、SB2、KM 线圈及接点是否毁坏，检查 KA 线圈及其接点是否毁坏，只要外部线圈及接点没有毁坏，就不会跳闸，不能启动时，若参数设定正常，说明变频器毁坏。

九　用继电器控制的变频器电动机正转控制电路（图6-19和图6-20）

电路工作原理说明如下：

① 启动准备。按动按钮开关SB2→交流接触器KM线圈得电→KM主触点和两个常开辅助触点均闭合→KM主触点闭合为变频器接主电源，一个KM常开辅助触点闭合锁定KM线圈得电，另一个KM常开辅助触点闭合为中间继电器KA线圈得电做准备。

② 正转控制。按动按钮开关SB4→继电器KA线圈得电→3个KA常开触点均闭合，一个常开触点闭合锁定KA线圈得电，一个常开触点闭合将按钮开关SB1短接，还有一个常开触点闭合将STF、SD端子接通，相当于STF端子输入正转控制信号，变频器U、V、W端子输出正转电源电压，驱动电动机正向运转。调节端子10、2、5外接电位器RP，变频器输出电源频率会发生改变，电动机转速也随之变化。

③ 变频器异常保护，若变频器运行期间出现异常或故障，变频器B、C端子间内部等效的常闭开关断开，交流接触器KM线圈失电，KM主触点断开，切断变频器输入电源，对变频器进行保护，同时继电器KA线圈失电，3个KA常开触点均断开。

④ 停转控制。在变频器正常工作时，按动按钮开关SB3，KA线圈失电，KA的3个常开触点均断开，其中一个KA常开触点断开使STF、SD端子连接切断，变频器停止输出电源，电动机停转。

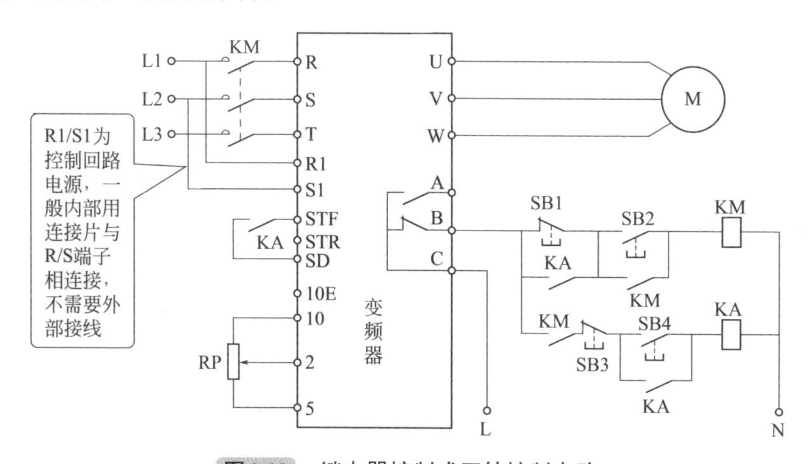

图6-19　继电器控制式正转控制电路

在变频器运行时，若要切断变频器输入主电源，需先对变频器进行停转控制，再按动按钮开关SB1，交流接触器KM线圈失电，KM主触点断开，变频器输入电源被切断。如果没有对变频器进行停转控制，而直接去按 SB1，是无法切断变频器输入主电源的，这是因为变频器正常工作时 KA 常开触点已将 SB1 短接，断开 SB1 无效，这样做可以防止在变频器工作时误操作 SB1 切断主电源。

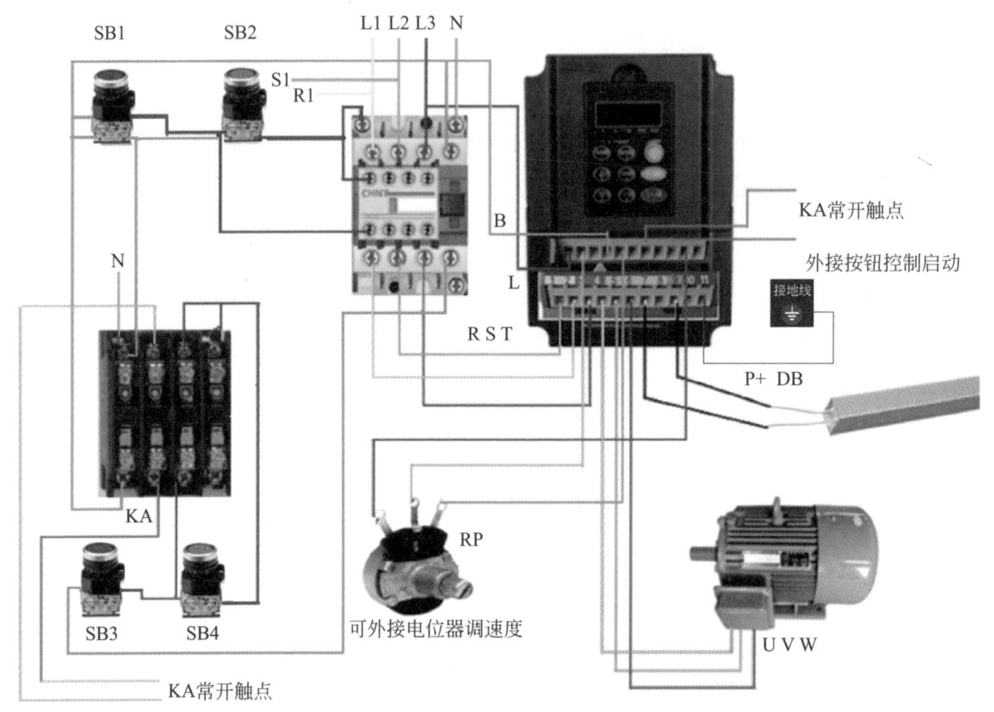

图6-20 用继电器控制的变频器电动机正转控制电路接线

十 用开关控制的变频器电动机正反转控制电路（图6-21和图6-22）

开关控制式正反转控制电路采用了一个三位开关 SA，SA 有“正转”“停止”和“反转”3 个位置。

电路工作原理说明如下：

① 启动准备。按动按钮开关 SB2→交流接触器 KM 线圈得电→KM 常开辅助触点和主触点均闭合→KM 常开辅助触点闭合锁定 KM 线圈得电（自锁），KM 主触点闭合为变频器接通主电源。

② 正转控制。将开关 SA 拨至“正转”位置，STF、SD 端子接通，相当于 STF 端子输入正转控制信号，变频器 U、V、W 端子输出正转电源电压，驱动电动机正向运转。调节端子 10、2、5 外接电位器 RP，变频器输出电源频率会发生改变，电

动机转速也随之变化。

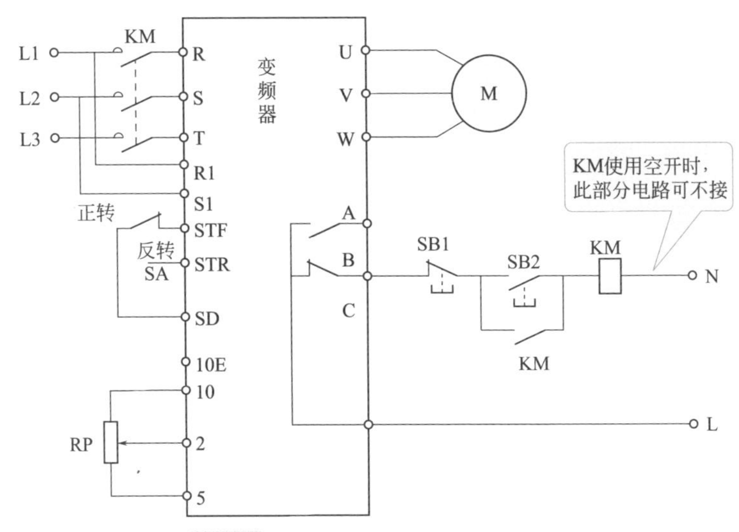

图6-21　开关控制式正反转控制电路

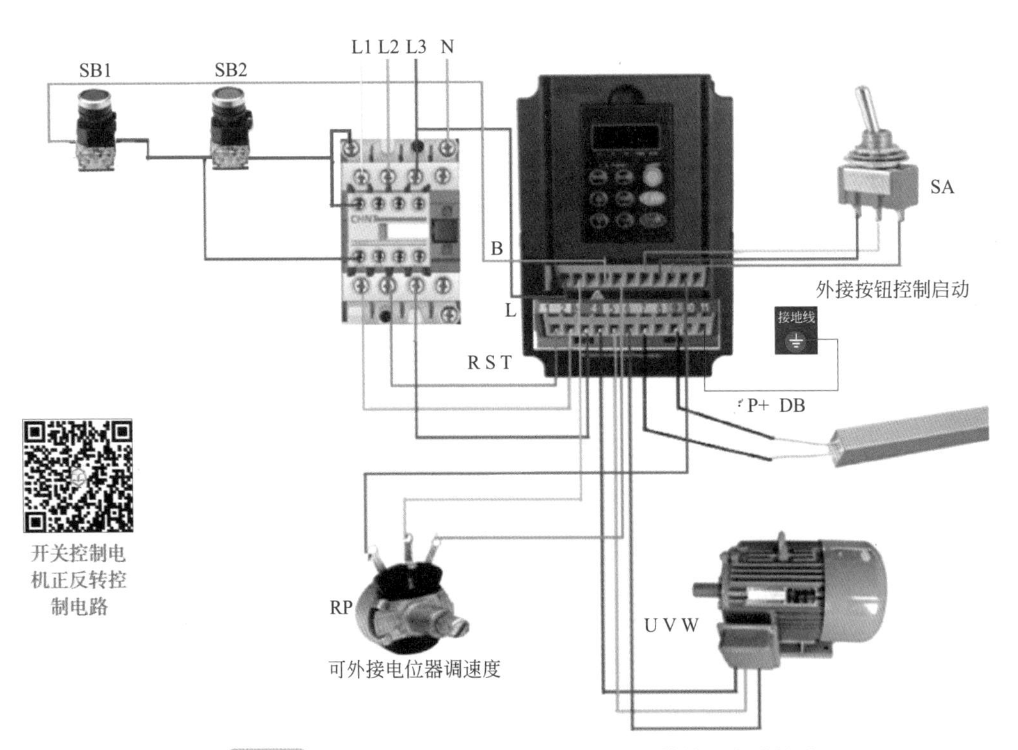

图6-22　用开关控制的变频器电动机正反转控制电路接线

③ 停转控制。将开关 SA 拨至“停转”位置（悬空位置），STF、SD 端子连接切断，变频器停止输出电源，电动机停转。

④ 反转控制。将开关 SA 拨至“反转”位置，STR、SD 端子接通，相当于 STR 端子输入反转控制信号，变频器 U、V、W 端子输出反转电源电压，驱动电动机反向运转。调节电位器 RP，变频器输出电源频率会发生改变，电动机转速也随之变化。

⑤ 变频器异常保护。若变频器运行期间出现异常或故障，变频器 B、S 端子间内部等效的常闭开关断开，交流接触器 KM 线圈断开，切断变频器输入电源，对变频器进行保护。

若要切断变频器输入主电源，需先将开关 SA 拨至“停止”位置，让变频器停止工作，再按动按钮开关 SB1，交流接触器 KM 线圈失电，KM 主触点断开，变频器输入电源被切断。

该电路结构简单，缺点是在变频器正常工作时操作 SB1 可切断输入主电源，这样易损坏变频器。

十一 用继电器控制变频器电动机正反转控制电路（图6-23和图6-24）

该电路采用 KA1、KA2 继电器分别进行正转和反转控制。电路工作原理说明如下：

继电器控制变频器正反转电路

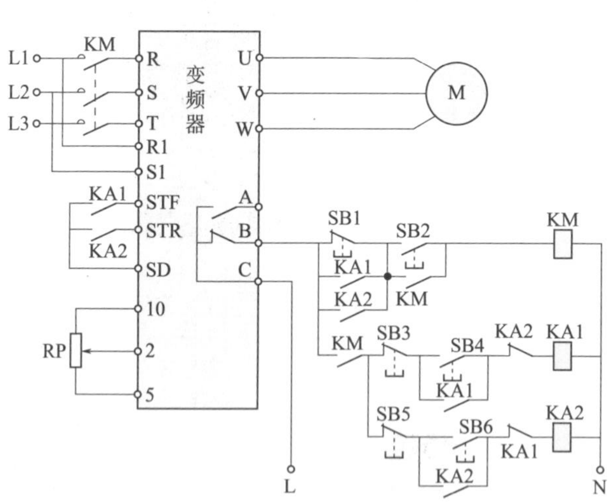

图6-23 继电器控制式正反转控制电路

① 启动准备。按动按钮开关 SB2 →交流接触器 KM 线圈得电→ KM 主触点和 2 个常开辅助触点均闭合→ KM 主触点闭合为变频器接通主电源，一个 KM 常开辅助触点闭合锁定 KM 线圈得电，另一个 KM 常开辅助触点闭合为中间继电器 KA1、KA2 线圈得电做准备。

② 正转控制。按动按钮开关 SB4 →继电器 KA1 线圈得电→ KA1 的 1 个常开触

点断开，3 个常开触点闭合→ KA1 的常闭触点断开使 KA2 线圈无法得电，KA1 的 3 个常开触点闭合分别锁定 KA1 线圈得电、短接按钮开关 SB1 和接通 STF、SD 端子→ STF、SD 端子接通，相当于 STF 端子输入正转控制信号，变频器 U、V、W 端子输出正转电源电压，驱动电动机正向运转。调节端子 10、2、5 外接电位器 RP，变频器输出电源频率会发生改变，电动机转速也随之变化。

③ 停转控制。按动按钮开关 SB3 →继电器 KA1 线圈失电→ 3 个 KA 常开触点均断开，其中 1 个常开触点断开切断 STF、SD 端子的连接，变频器 U、V、W 端子停止输出电源电压，电动机停转。

④ 反转控制。按动按钮开关 SB6 →继电器 KA2 线圈得电→ KA2 的 1 个常闭触点断开，3 个常开触点闭合→ KA2 的常闭触点断开使 KA1 线圈无法得电，KA2 的 3 个常开触点闭合分别锁定 KA2 线圈得电、短接按钮开关 SB1 和接通 STR、SD 端子→ STF、SD 端子接通，相当于 STR 端子输入反转控制信号，变频器 U、V、W 端子输出反转电源电压，驱动电动机反向运转。

⑤ 变频器异常保护。若变频器运行期间出现异常或故障，变频器 B、C 端子间内部等效的常闭开关断开，交流接触器 KM 线圈失电，KM 主触点断开，切断变频器输入电源，对变频器进行保护。

若要切断变频器输入主电源，可在变频器停止工作时按动按钮开关 SB1，交流接触器 KM 线圈失电，KM 主触点断开，变频器输入电源被切断。由于在变频器正常工作期间（正转或反转），KA1 或 KA2 常开触点闭合将 SB1 短接，断开 SB1 无效，这样做可以避免在变频器工作时切断主电源。

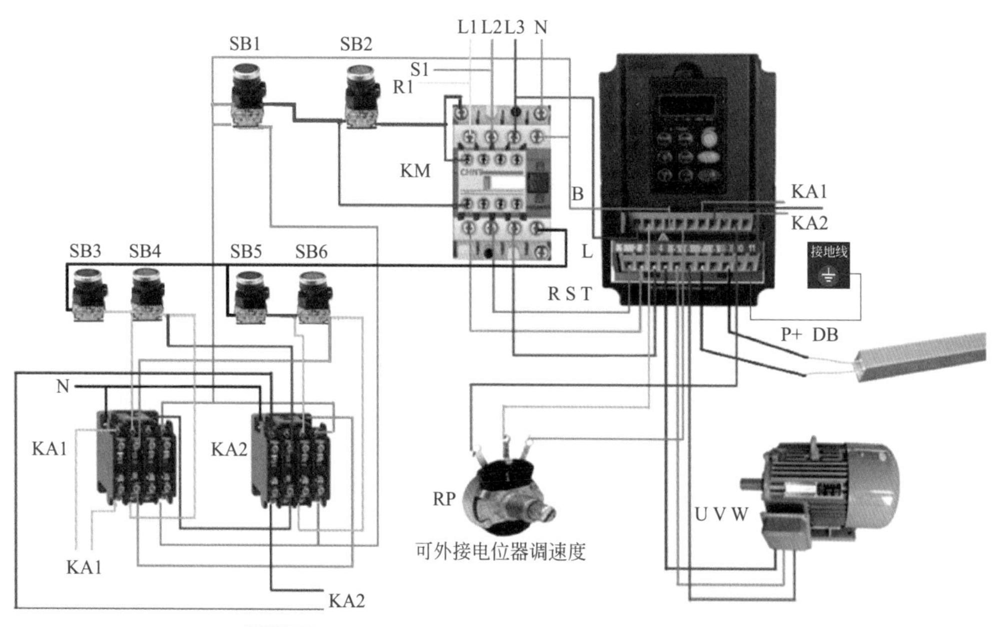

图6-24　继电器控制式变频器正反转控制电路接线

十二 工频与变频切换电路（图6-25和图6-26）

实际在变频调速系统运行过程中，如果变频器或负载突然出现故障，若让负载停止工作可能会造成很大损失。为了解决这个问题，可给变频调速系统增设工频与变频切换功能，在变频器出现故障时自动将工频电源切换给电动机，以让系统继续工作。另外，某些电路中要求启动时用变频工作，而在正常工作时用工频工作，因此可以用工频与变频切换电路完成。还可以利用报警电路配合，在故障时输出报警信号。对于工作模式的参数设定，需要参看使用说明书。

电路在工作前需要先对一些参数进行设置。

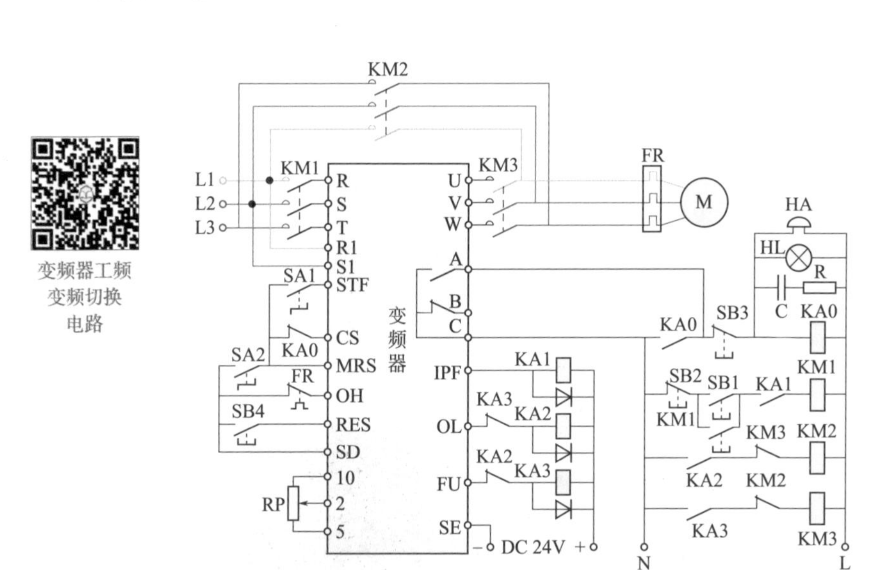

图6-25 一个典型的工频与变频切换控制电路

电路的工作过程说明如下。

（1）变频运行控制

① 启动准备。将开关 SA3 闭合，接通 MRS 端子，允许进行工频变频切换。由于已设置 Pr.135=1 使切换有效，IPF、FU 端子输出低电平，中间继电器 KA1、KA3 线圈得电。KA3 线圈得电→ KA3 常开触点闭合→交流接触器 KM3 线圈得电→ KM3 主触点闭合，KM3 常闭辅助触点断开→ KM3 主触点闭合将电动机与变频器端连接；KM3 常闭辅助触点断开使 KM2 线圈无法得电，实现 KM2、KM3 之间的互锁（KM2、KM3 线圈不能同时得电），电动机无法由变频和工频同时供电。KA1 线圈得电→ KA1 常开触点闭合，为 KM1 线圈得电做准备→按动按钮开关 SB1 → KM1

线圈得电→KM1主触点、常开辅助触点均闭合→KM1主触点闭合，为变频器供电；KM1常开辅助触点闭合，锁定KM1线圈得电。

② 启动运行。将开关SA1闭合，STF端子输入信号（STF端子经SA1、SA2与SD端子接通），变频器正转启动，调节电位器RP可以对电动机进行调速控制。

（2）变频—工频切换控制

当变频器运行中出现异常时，异常输出端子A、C接通，中间继电器KA0线圈得电，KA0常开触点闭合，振铃HA和报警灯HL得电，发出声光报警。与此同时，IPF、FU端子变为高电平，OL端子变为低电平，KA1、KA3线圈失电，KA2线圈得电。KA1、KA3线圈失电→KA1、KA3常开触点断开→KM1、KM3线圈失电→KM1、KM3主触点断开→变频器与电源、电动机断开。KA2线圈得电→KA2常开触点闭合→KM2线圈得电→KM2主触点闭合→工频电源直接提供给电动机（注：KA1、KA3线圈失电与KA2线圈得电并不是同时进行的，有一定的切换时间，它与Pr.136、Pr.137设置有关）。

按动按钮开关SB3可以解除声光报警，按动按钮开关SB4，可以解除变频器的保护输出状态。若电动机在运行时出现过载，与电动机串联的热继电器FR发热元件动作，使FR常闭触点断开，切断OH端子输入，变频器停止输出，对电动机进行保护。

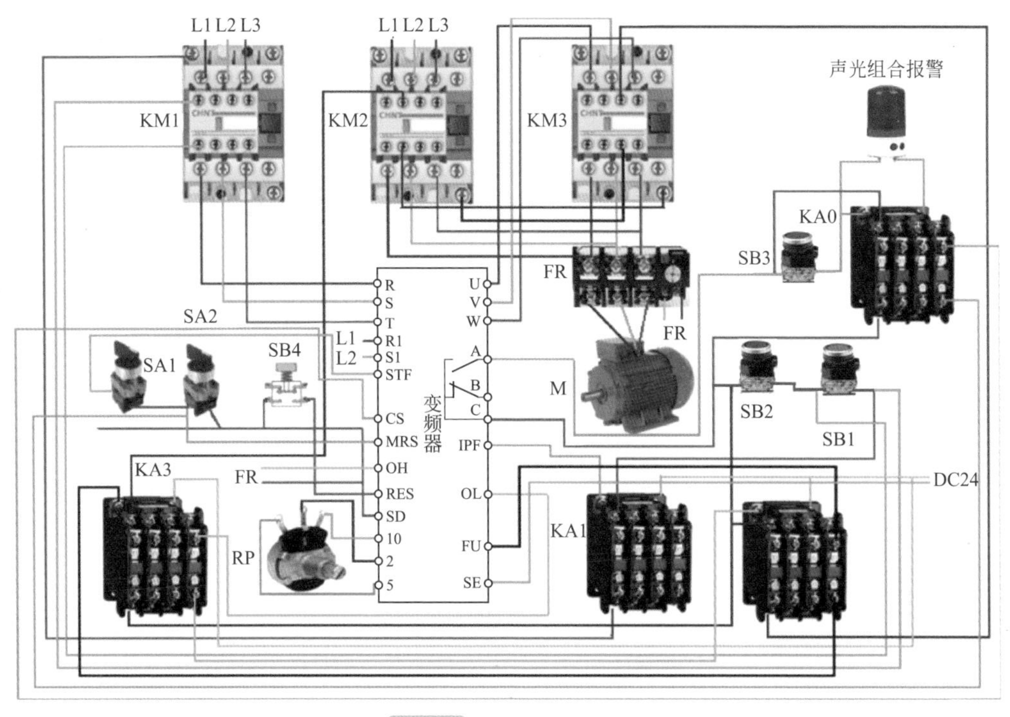

图6-26 电路接线组装

十三 用变频器对电动机实现多挡转速控制电路（图6-27～图6-29）

变频器可以对电动机进行多挡转速驱动。在进行多挡转速控制时，需要对变频器有关参数进行设置，再操作相应端子外接开关。

（1）多挡转速控制端子

变频器的 RH、RM、RL 端子为多挡转速控制端子，RH 为高速挡，RM 为中速挡，RL 为低速挡。RH、RM、RL 这 3 个端子组合可以进行 7 挡转速控制。

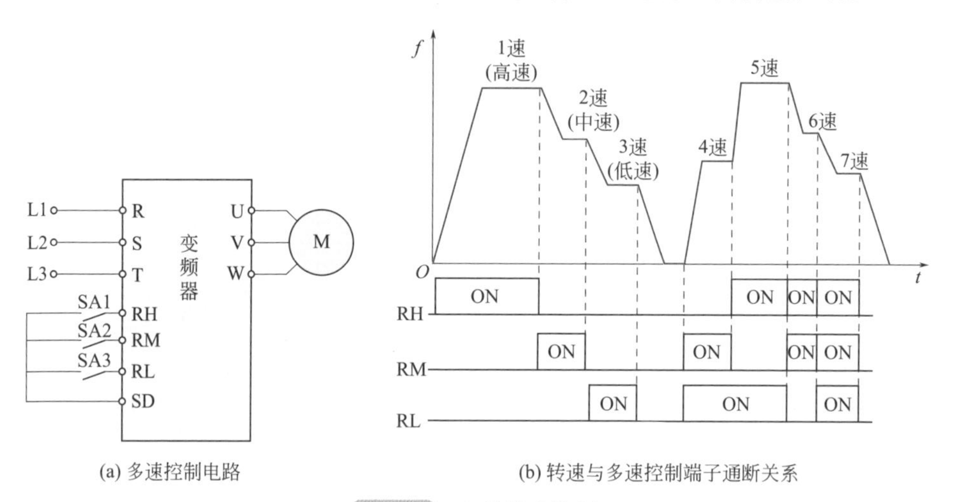

(a) 多速控制电路

(b) 转速与多速控制端子通断关系

图6-27 多挡转速控制

当开关 KA1 闭合时，RH 端与 SD 端接通，相当于给 RH 端输入高速运转指令信号，变频器马上输出很高的频率去驱动电动机，电动机迅速启动并高速运转（1 速）。

当开关 SA2 闭合时（SA1 需断开），RM 端与 SD 端接通，变频器输出频率降低，电动机由高速转为中速运转（2 速）。

当开关 SA3 闭合时（SA1、SA2 需断开），RL 端与 SD 端接通，变频器输出频率进一步降低，电动机由中速转为低速运转（3 速）。

当 SA1、SA2、SA3 均断开时，变频器输出频率变为 0Hz，电动机由低速转为停转。

SA2、SA3 闭合，电动机 4 速运转；SA1、SA3 闭合，电动机 5 速运转；SA1、SA2 闭合，电动机 6 速运转；SA1、SA2、SA3 闭合，电动机 7 速运转。

图 6-27（b）所示曲线中的斜线表示变频器输出频率由一种频率转变到另一种频率需经历一段时间，在此期间，电动机转速也由一种转速变化到另一种转速；水平

线表示输出频率稳定，电动机转速稳定。对于多挡调速的参数设定，需要参看使用说明书。

（2）多挡转速控制电路

图 6-28 所示是一个典型的多挡转速控制电路，它由主电路和控制电路两部分组成。该电路采用了 KA0 ～ KA3 共 4 个中间继电器，其常开触点接在变频器的多挡转速控制输入端，电路还用了 SQ1 ～ SQ3 这 3 个行程开关来检测运动部件的位置并进行转速切换控制。此电路在运行前需要进行多挡控制参数的设置。

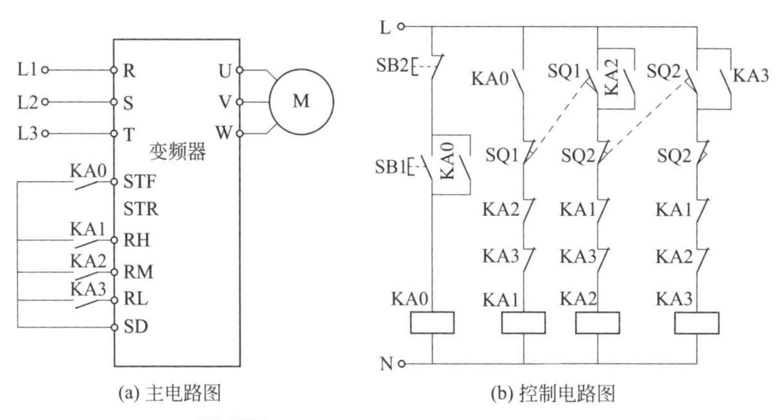

(a) 主电路图　　(b) 控制电路图

图6-28　一个典型的多挡转速控制电路

工作过程说明如下：

① 启动并高速运转。按动启动按钮开关 SB1 → 中间继电器 KA0 线圈得电 → KA0 的 3 个常开触点均闭合，一个触点锁定 KA0 线圈得电，一个触点闭合使 STF 端与 SD 端接通（即 STF 端输入正转指令信号），还有一个触点闭合使 KA1 线圈得电 → KA1 两个常闭触点断开，一个常开触点闭合 → KA1 两个常闭触点断开使 KA2、KA3 线圈无法得电，KA1 常开触点闭合将 RH 端与 SD 端接通（即 RH 端输入高速指令信号）→ STF、RH 端子外接触点均闭合，变频器输出很高的频率，驱动电动机高速运转。

② 高速转中速运转。高速运转的电动机带动运动部件运行到一定位置时，行程开关 QS1 动作 → SQ1 常闭触点断开，常开触点闭合 → SQ1 常闭触点断开使 KA1 线圈失电，RH 端子外接 KA1 触点断开，SQ1 常开触点闭合使继电器 KA2 线圈得电 → KA2 两个常闭触点断开，两个常开触点闭合 → KA2 两个常闭触点断开分别使 KA1、KA3 线圈无法得电；KA2 两个常开触点闭合，一个触点闭合锁定 KA2 线圈得电，另一个触点闭合使 KM 端与 SD 端接通（即 RM 端输入中速指令信号）→变频器输出频率由高变低，电动机由高速转为中速运转。

③ 中速转低速运转。中速运转的电动机带动运动部件运行到一定位置时，行程开关 SQ2 动作 → SQ2 常闭触点断开，常开触点闭合 → SQ2 常闭触点断开使 KA2

线圈失电，RM 端子外接 KA2 触点断开，SQ2 常开触点闭合使继电器 KA3 线圈得电→ KA3 两个常闭触点断开，两个常开触点闭合→ KA3 两个常闭触点断开分别使 KA1、KA2 线圈无法得电；KA3 两个常开触点闭合，一个触点闭合锁定 KA3 线圈得电，另一个触点闭合使 RL 端与 SD 端接通（即 RL 端输入低速指令信号）→变频器输出频率进一步降低，电动机由中速转为低速运转。

④ 低速转为停转。低速转的电动机带动运动部件运行到一定位置时，行程开关 SQ3 动作→断电器 KA3 线圈失电→ RL 端与 SD 端之间的 KA3 常开触点断开→变频器输出频率降为 0Hz，电动机由低速转为停止。按动按钮开关 SB2 → KA0 线圈失电→ STF 端子外接 KA0 常开触点断开，切断 STF 端子的输入。

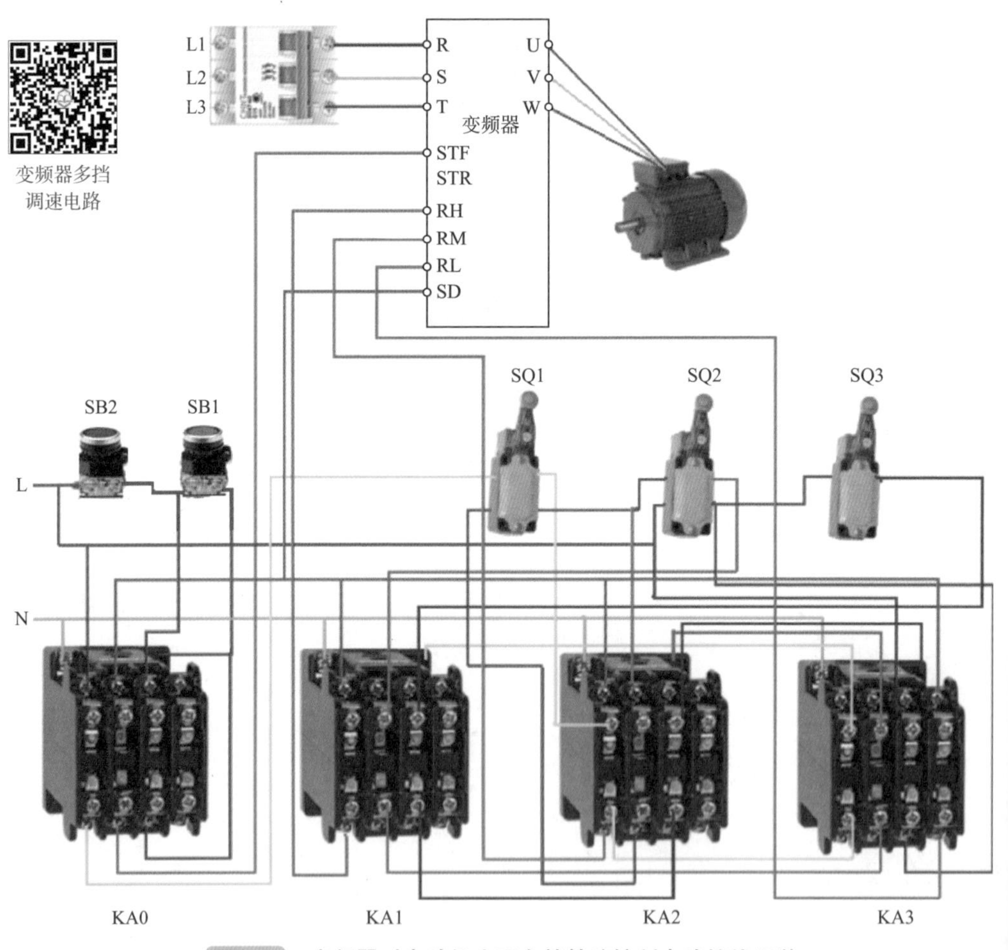

图6-29 变频器对电动机实现多挡转速控制电路接线组装

十四　变频器的 PID 控制电路（图6-30和图6-31）

在工程实际中应用最为广泛的调节器控制规律为比例 - 积分 - 微分控制，简称 PID 控制，又称 PID 调节。实际中也有 PI 和 PD 控制。PID 控制器就是根据系统的误差，利用比例、积分、微分计算出控制量进行控制的。

在进行 PID 控制时，先要接好线路，然后设置 PID 控制参数，再设置端子功能参数，最后操作运行。

① PID 控制参数设置（不同变频器设置不同，以下设置仅供参考）。图 6-30 所示电路的 PID 控制参数设置见表 6-3。

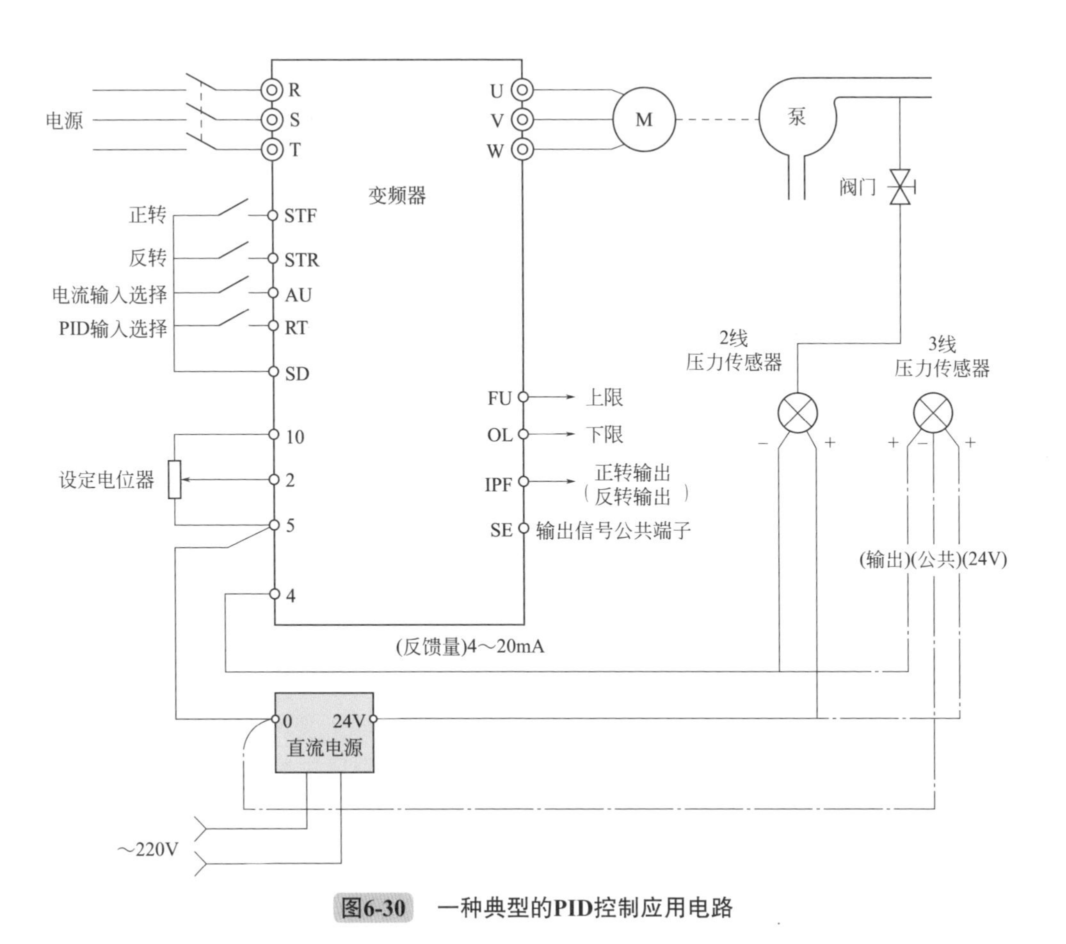

图6-30　一种典型的PID控制应用电路

表 6-3 PID 控制参数设置

参数及设置值	说明
Pr.128=20	将端子4设为PID控制的压力检测输入端
Pr.129=30	将PID比例调节设为30%
Pr.130=10	将积分时间常数设为10s
Pr.131=100%	设定上限值范围为100%
Pr.132=0	设定下限值范围为0
Pr.133=50%	设定PU操作时的PID控制设定值（外部操作时，设定值由2-5端子间的电压决定）
Pr.134=3s	将积分时间常数设为3s

② 端子功能参数设置（不同变频器设置不同，以下设置仅供参考）。PID 控制时需要通过设置有关参数定义某些端子功能。端子功能参数设置见表 6-4。

表 6-4 端子功能参数设置

参数及设置值	说明
Pr.183=14	将RT端子设为PID控制端，用于启动PID控制
Pr.192=16	设置IPF端子输出正反转信号
Pr.193=14	设置OL端子输出下限信号
Pr.194=15	设置FU端子输出上限信号

③ 操作运行（不同变频器设置不同，以下设置仅供参考）：

a. 设置外部操作模式。设定 Pr.79=2，面板“EXT”指示灯亮，指示当前为外部操作模式。

b. 启动 PID 控制。将 AU 端子外接开关闭合，选择端子 4 电流输入有效，将 RT 端子外接开关闭合，启动 PID 控制；将 STF 端子外接开关闭合，启动电动机正转。

c. 改变给定值。调节设定电位器，2-5 端子间的电压变化，PID 控制的给定值随之变化，电动机转速会发生变化，例如给定值大，正向偏差（$\Delta X>0$）增大，相当于反馈值减小，PID 控制使电动机转速变快，水压增大，端子 4 的反馈值增大，偏差慢慢减小，当偏差接近 0 时，电动机转速保持稳定。

d. 改变反馈值。调节阀门，改变水压大小来调节端子 4 输入的电流（反馈值），PID 控制的反馈值变大，相当于给定值减小，PID 控制使电动机转速变慢，水压减小，端子 4 的反馈值减小，偏差慢慢减小，当偏差接近 0 时，电动机转速保持稳定。

e. PU 操作模式下的 PID 控制。设定 Pr.79=1，面板“PU”指示灯亮，指示当前为 PU 操作模式。按“FWD”或“REV”键，启动 PID 控制，运行在 Pr.133 设定值上，按“STOP”键停止 PID 运行。

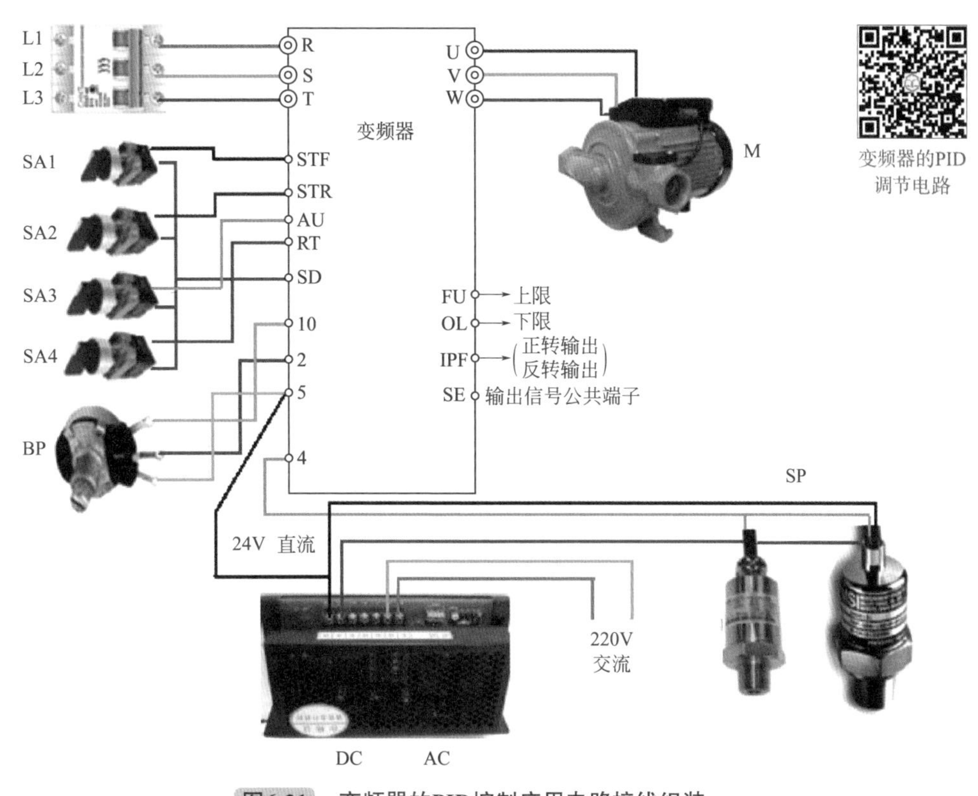

图6-31　变频器的PID控制应用电路接线组装

十五　PLC 与变频器组合实现电动机正反转控制电路（图6-32 ～图6-35）

（1）参数设置（不同变频器设置不同，以下设置仅供参考）

在用 PLC 连接变频器进行电动机正反转控制时，需要对变频器进行有关参数设置，具体见表 6-5。

表 6-5　变频器的有关参数及设置值

参数名称	参数号	设置值
加速时间	Pr.7	5s
减速时间	Pr.8	3s
加、减速基准频率	Pr.20	50Hz
基底频率	Pr.3	50Hz
上限频率	Pr.1	50Hz
下限频率	Pr.2	0Hz
运行模式	Pr.79	2

变频器的PLC控制电路

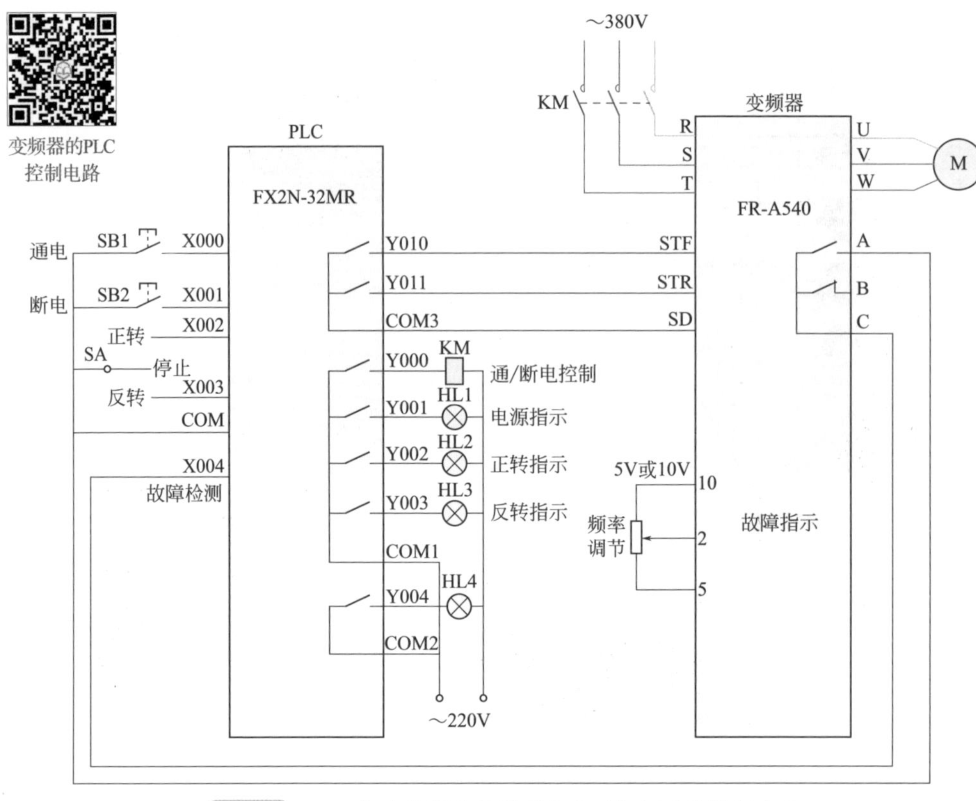

图6-32　PLC与变频器连接构成的电动机正反转控制电路

（2）编写程序（变频器不同程序有所不同，以下程序仅供参考）

变频器有关参数设置好后，还要给 PLC 编写控制程序。电动机正反转控制的 PLC 程序如图 6-33 所示。

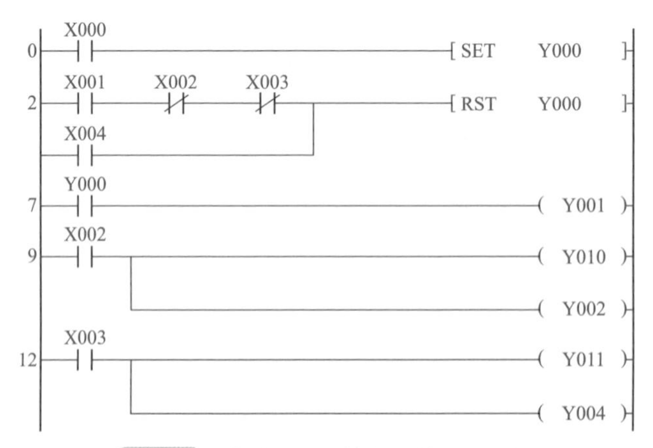

图6-33　电动机正反转控制的PLC程序

下面说明 PLC 与变频器实现电动机正反转控制的工作原理。

① 通电控制。当按动通电按钮开关 SB1 时，PLC 的 X000 端子输入为 ON，它使程序中的 [0]X000 常开触点闭合，“SETY000” 指令执行，线圈 Y000 被置 1，Y000 端子内部的硬触点闭合，交流接触器 KM 线圈得电，KM 主触点闭合，将 380V 的三相交流电送到变频器的 R、S、T 端，Y000 线圈置 1 还会使 [7]Y000 常开触点闭合，Y001 线圈得电，Y001 端子内部的硬触点闭合，HL1 指示灯通电点亮，指示 PLC 作出通电控制。

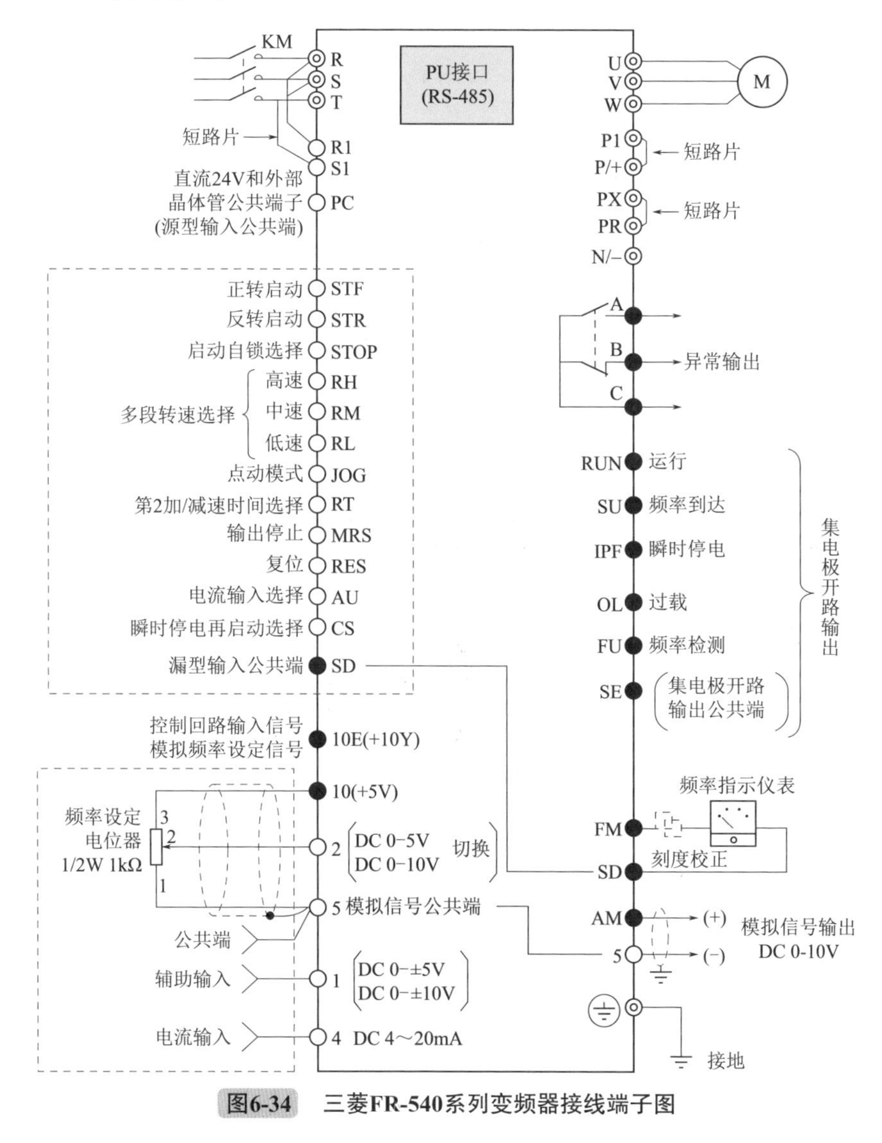

图6-34　三菱FR-540系列变频器接线端子图

② 正转控制。当三挡开关 SA 置于“正转”位置时，PLC 的 X002 端子输入为 ON，它使程序中的 [9]X002 常开触点闭合，Y010、Y002 线圈均得电，Y010 线圈得电使 Y010 端子内部硬触点闭合，将变频器的 STF、SD 端子接通，即 STF 端子为

ON，变频器输出电源使电动机正转，Y002线圈得电后使Y002端子内部硬触点闭合，HL2指示灯通电点亮，指示PLC作出正转控制。

③ 反转控制。将三挡开关SA置于“反转”位置时，PLC的X003端子输入为ON，它使程序中的[12]X003常开触点闭合，Y011、Y003线圈均得电。Y011线圈得电使Y011端子内部硬触点闭合，将变频器的STR、SD端子接通，即STR端子输入为ON，变频器输出电源使电动机反转，Y003线圈得电后使Y003端子内部硬触点闭合，HL3灯通电点亮，指示PLC作出反转控制。

④ 停转控制。在电动机处于正转或反转时，若将SA开关置于“停止”位置，X002或X003端子输入为OFF，程序中的X002或X003常开触点断开，Y010、Y022或Y011、Y003线圈失电，Y010、Y002或Y011、Y003端子内部硬触点断开，变频器的STF或STR子输入为OFF，变频器停止输出电源，电动机停转，同时HL2或HL3指示灯熄灭。

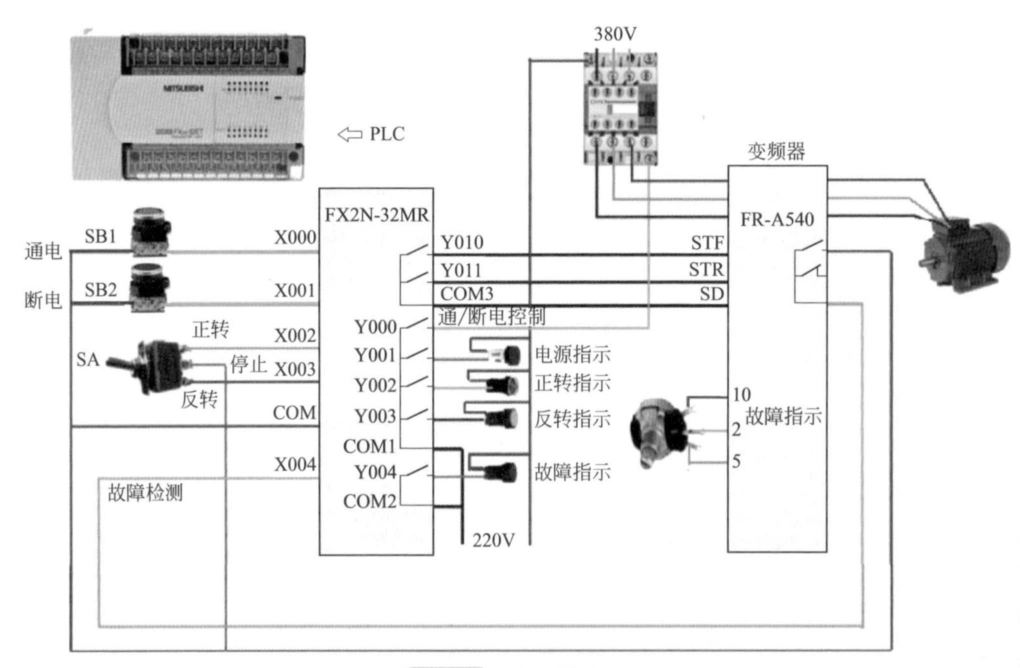

图6-35 实际接线图

⑤ 断电控制。当SA置于“停止”位置使电动机停转时，若按动断电按钮开关SB2，PLC的X001端子输入为ON，它使程序中的[2]X001常开触点闭合，执行“RSTY000”指令，Y000线圈被复位失电，Y000端子内部的硬触点断开，交流接触器KM线圈失电，KM主触点断开，切断变频器的输入电源，Y000线圈失电还会使[7]Y000常开触点断开，Y001线圈失电，Y001端子内部的硬触点断开，HL1灯熄灭。如果SA处于“正转”或“反转”位置，[2]X002或X003常闭触点断开，无法执行“RSTY000”指令，即电动机在正转或反转时，操作SB2按钮开关是不能断开变频

器输入电源的。

⑥ 故障保护。如果变频器内部保护功能动作，A、C 端子间的内部触点闭合，PLC 的 X004 端子输入为 ON，程序中的 X004 常开触点闭合，执行“RSTY000”指令，Y000 端子内部的硬触点断开，交流接触器 KM 线圈失电，KM 主触点断开，切断变频器的输入电源，保护变频器。

十六 PLC 与变频器组合实现多挡转速控制电路（图6-36 ～图6-39）

变频器可以连续调速，也可以分挡调速。FR-A540 变频器有 RH(高速)、RM(中速）和 RL（低速）三个控制端子，通过这三个端子的组合输入，可以实现 7 挡转速控制。

PLC 与变频器连接实现多挡转速控制的电路图如图 6-36 所示。在用 PLC 对变频器进行多挡转速控制时，需要对变频器进行有关参数设置，参数可分为基本运行参数和多挡转速参数，具体见表 6-6。多挡转速控制的 PLC 程序如图 6-37 所示。

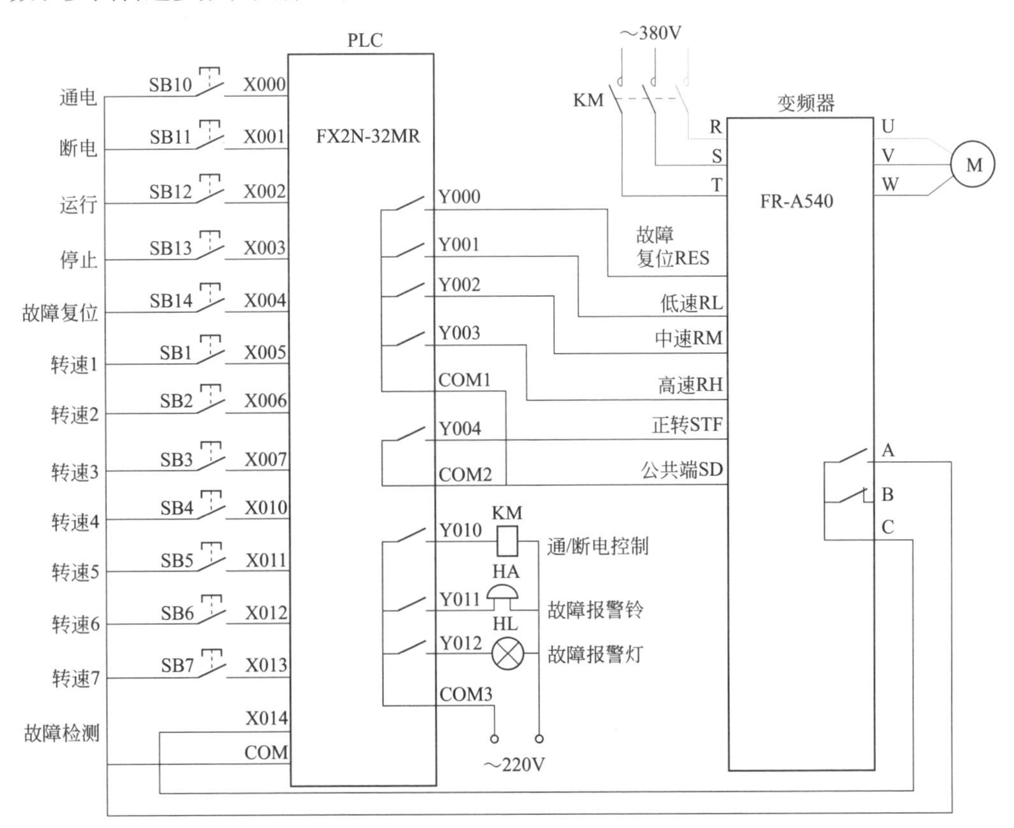

图6-36　PLC与变频器连接实现多挡转速控制的电路图

表6-6　变频器的有关参数及设置值

分类	参数名称	参数号	设定值
基本运行参数	转矩提升	Pr.0	5%
	上限频率	Pr.1	50Hz
	下限频率	Pr.2	5Hz
	基底频率	Pr.3	50Hz
	加速时间	Pr.7	5s
	减速时间	Pr.8	4s
	加、减速基准频率	Pr.20	50Hz
	操作模式	Pr.79	2
多挡转速参数	转速1（RH为ON时）	Pr.4	15Hz
	转速2（RM为ON时）	Pr.5	20Hz
	转速3（RL为ON时）	Pr.6	50Hz
	转速4（RM、RL均为ON时）	Pr.24	40Hz
	转速5（RH、RL均为ON时）	Pr.25	30Hz
	转速6（RH、RM均为ON时）	Pr.26	25Hz
	转速7（RH、RM、RL均为ON时）	Pr.27	10Hz

注：变频器不同，设置有所不同，以上设置供参考。

● 程序详解

下面说明PLC与变频器实现多挡转速控制的工作原理。

① 通电控制。当按动通电按钮开关SB10时，PLC的X000端子输入为ON，它使程序中的[0]X000常开触点闭合，“SETY010”指令执行，线圈Y010被置1，Y010端子内部的硬触点闭合，交流接触器KM线圈得电，KM主触点闭合，将380V的三相交流电送到变频器的R、S、T端。

② 断电控制。当按动断电按钮开关SB11时，PLC的X001端子输入为ON，它使程序中的[3]X001常开触点闭合，“RSTY010”指令执行，线圈Y010被复位失电，Y010端子内部的硬触点断开，交流接触器KM线圈失电，KM主触点断开，切断变频器R、S、T端的输入电源。

③ 启动变频器运行。当按动运行按钮开关SB12时，PLC的X002端子输入为ON，它使程序中的[7]X002常开触点闭合，由于Y010线圈已得电，它使Y010常开触点处于闭合状态，“SETY004”指令执行，Y004线圈被置1而得电，Y004端子内部硬触点闭合，将变频器的STF、SD端子接通，即STF端子输入为ON，变频器输出电源，启动电动机正向运转。

④ 停止变频器运行。当按动停止按钮开关 SB13 时，PLC 的 X003 端子输入为 ON，它使程序中的 [10]X003 常开触点闭合，“RSTY004”指令执行，Y004 线圈被复位而失电，Y004 端子内部硬触点断开，将变频器的 STF、SD 端子断开，即 STF 端子输入为 OFF，变频器停止输出电源，电动机停转。

⑤ 故障报警及复位。如果变频器内部出现异常而导致保护电路动作，A、C 端子间的内部触点闭合，PLC 的 X004 端子输入 ON，程序中的 [14]X014 常开触点闭合，Y011、Y012 线圈得电，Y011、Y012 端子内部硬触点闭合，报警铃和报警灯均得电而发出声光报警，同时 [3]X014 常开触点闭合，“RSTY010”指令执行，线圈 Y010 被复位失电，Y010 端子内部的硬触点断开，交流接触器 KM 线圈失电，KM 主触点断开，切断变频器 R、S、T 端的输入电源。变频器故障排除后，当按动故障按钮开关 SB14 时，PLC 的 X004 端子输入为 ON，它使程序中的 [12]X004 常开触点闭合，Y000 线圈得电，变频器的 RES 端输入为 ON，解除保护电路的保护状态。

⑥ 转速 1 控制。变频器启动运行后，按动按钮开关 SB1（转速 1），PLC 的 X005 端子输入为 ON，它使程序中的 [19]X005 常开触点闭合，“SETN1”指令执行，线圈 M1 被置 1，[82]M1 常开触点闭合，Y003 线圈得电，Y003 端子内部的硬触点闭合，变频器的 RH 端输入为 ON，让变频器输出转速 1 设定频率的电源驱动电动机运转。按动 SB2 ~ SB7 的某个按钮开关，会使 X006 ~ X013 中的某个常开触点闭合，“RSTM1”指令执行，线圈 M1 被复位失电，[82]M1 常开触点断开，Y003 线圈失电，Y003 端子内部的硬触点断开，变频器的 RH 端输入为 OFF，停止按转速 1 运行。

⑦ 转速 4 控制。按动按钮开关 SB4（转速 4），PLC 的 X010 端子输入为 ON，它使程序中的 [46]X010 常开触点闭合，“SETM4”指令执行，线圈 M4 被置 1，[87]、[92]M4 常开触点均闭合，Y002、Y001 线圈均得电，Y002、Y001 端子内部的硬触点均闭合，变频器的 RM、RL 端输入均为 ON，让变频器输出转速 4 设定频率的电源驱动电动机运转。按动 SB1 ~ SB3 或 SB5 ~ SB7 中的某个按钮开关，会使 Y005 ~ Y007 或 Y011 ~ Y013 中的某个常开触点闭合，“RSTM4”指令执行，线圈 M4 被复位失电，[87]、[92]M4 常开触点均断开，Y002、Y001 线圈失电，Y002、Y001 端子内部的硬触点均断开，变频器的 RM、RL 端输入均为 OFF，停止按钮开关转速 4 运行。

其他转速控制与上述转速控制过程类似，这里不再叙述。

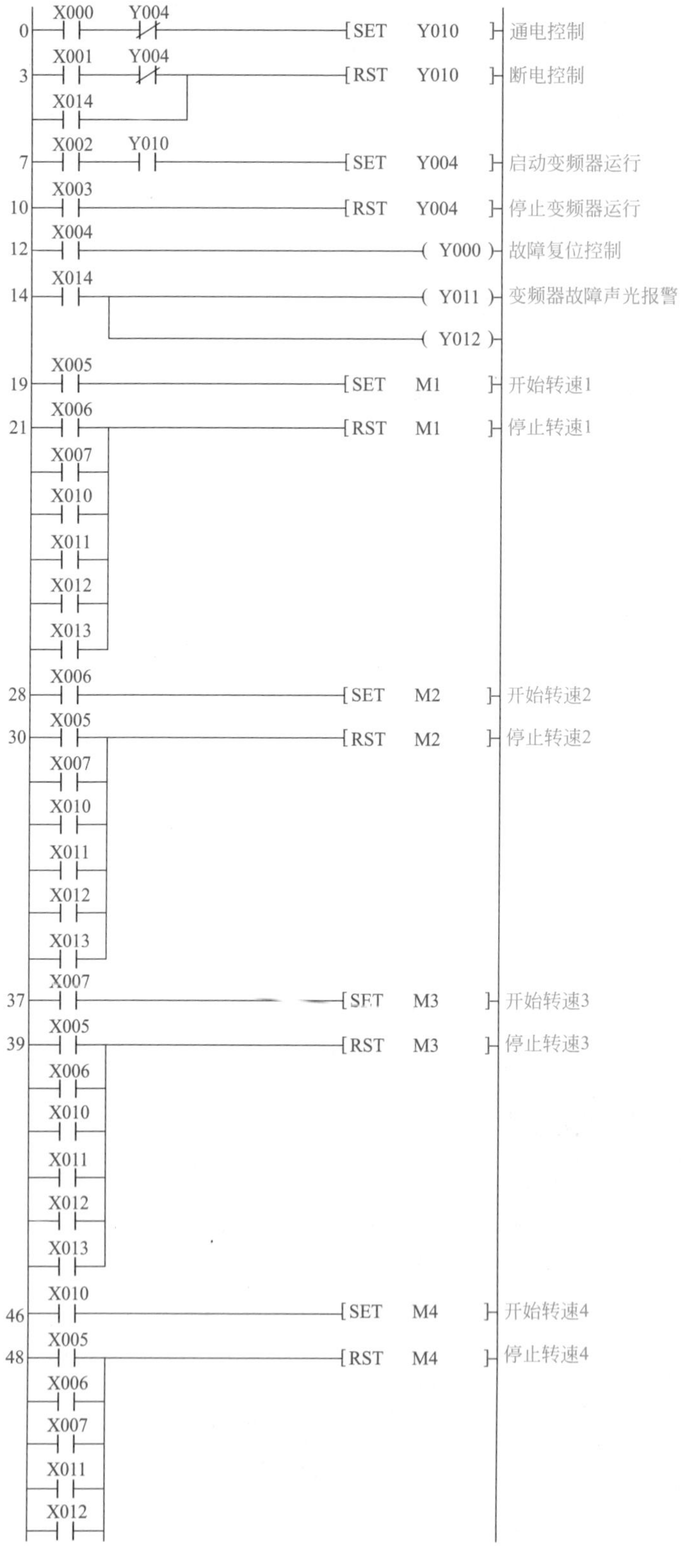

0 X000 Y004 [SET Y010] 通电控制

3 X001 Y004 X014 [RST Y010] 断电控制

7 X002 Y010 [SET Y004] 启动变频器运行

10 X003 [RST Y004] 停止变频器运行

12 X004 (Y000) 故障复位控制

14 X014 (Y011) (Y012) 变频器故障声光报警

19 X005 [SET M1] 开始转速1

21 X006 X007 X010 X011 X012 X013 [RST M1] 停止转速1

28 X006 [SET M2] 开始转速2

30 X005 X007 X010 X011 X012 X013 [RST M2] 停止转速2

37 X007 [SET M3] 开始转速3

39 X005 X006 X010 X011 X012 X013 [RST M3] 停止转速3

46 X010 [SET M4] 开始转速4

48 X005 X006 X007 X011 X012 [RST M4] 停止转速4

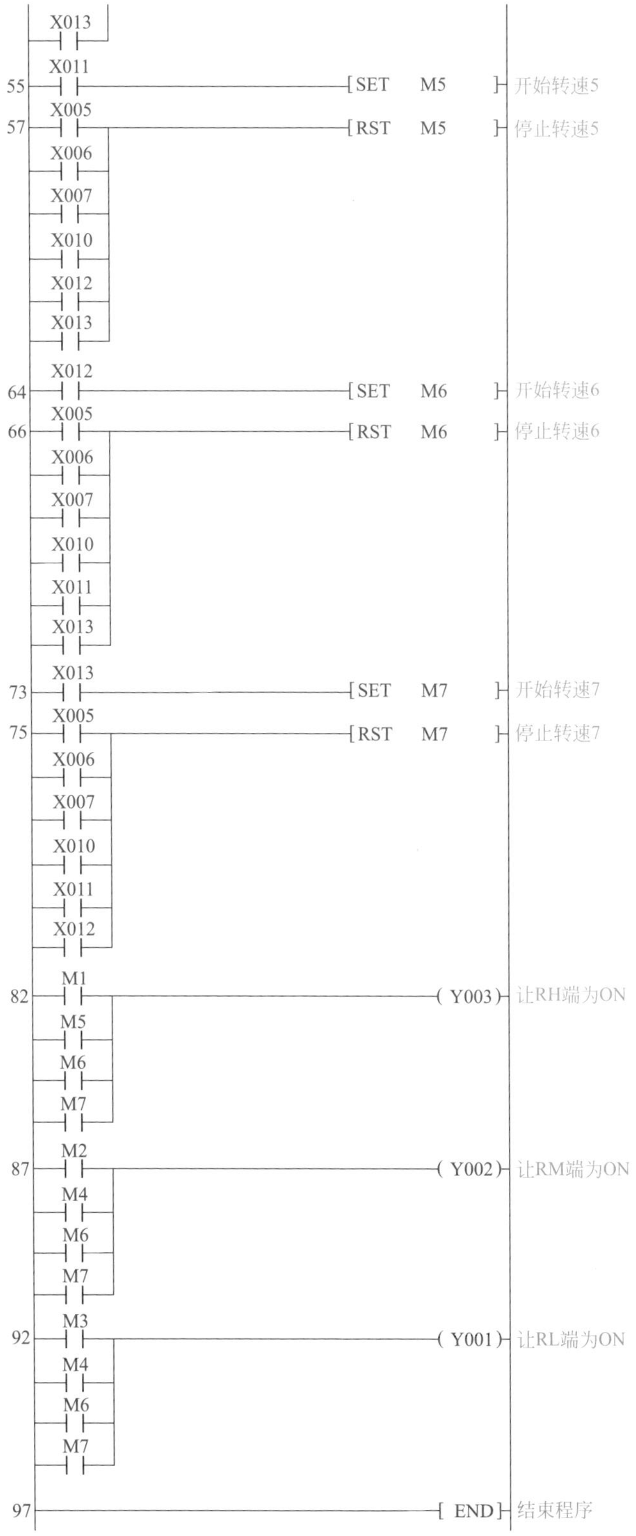

```
    X013
55  X011                         [SET  M5   ]  开始转速5
57  X005                         [RST  M5   ]  停止转速5
    X006
    X007
    X010
    X012
    X013
64  X012                         [SET  M6   ]  开始转速6
66  X005                         [RST  M6   ]  停止转速6
    X006
    X007
    X010
    X011
    X013
73  X013                         [SET  M7   ]  开始转速7
75  X005                         [RST  M7   ]  停止转速7
    X006
    X007
    X010
    X011
    X012
82  M1                           ( Y003 )  让RH端为ON
    M5
    M6
    M7
87  M2                           ( Y002 )  让RM端为ON
    M4
    M6
    M7
92  M3                           ( Y001 )  让RL端为ON
    M4
    M6
    M7
97                               [ END ]  结束程序
```

图6-37　多挡转速控制的PLC程序

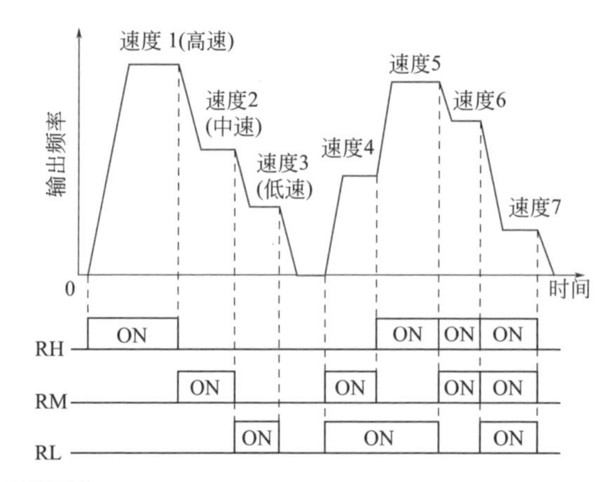

图6-38 RH、RM、RL端输入状态与对应的速度关系

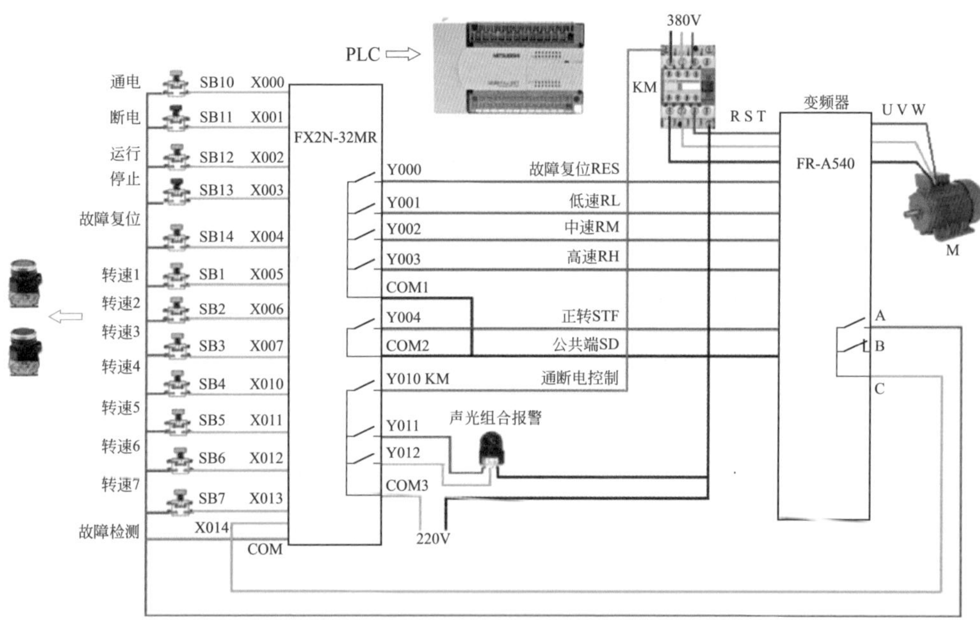

图6-39 电路接线组装

第七章

电工实用典型控制电路

一　两台水泵一用一备控制电路（图7-1）

此电路可用于供水、排水工程及消防工程等。该电路采用一只5挡开关控制，当挡位开关置于0位时，切断所有控制电路电源；当挡位开关置于1位时，1#泵可以进行手动操作启动、停止；当接位开关置于2位时，1#泵可以通过外接电接点压力表送来的信号进行自动控制；当挡位开关置于3位时，2号泵可以进行手动操作启动、停止；当挡位开关置于4位时，2号泵可以通过外接电接点压力表送来的信号进行自动控制。

图7-1

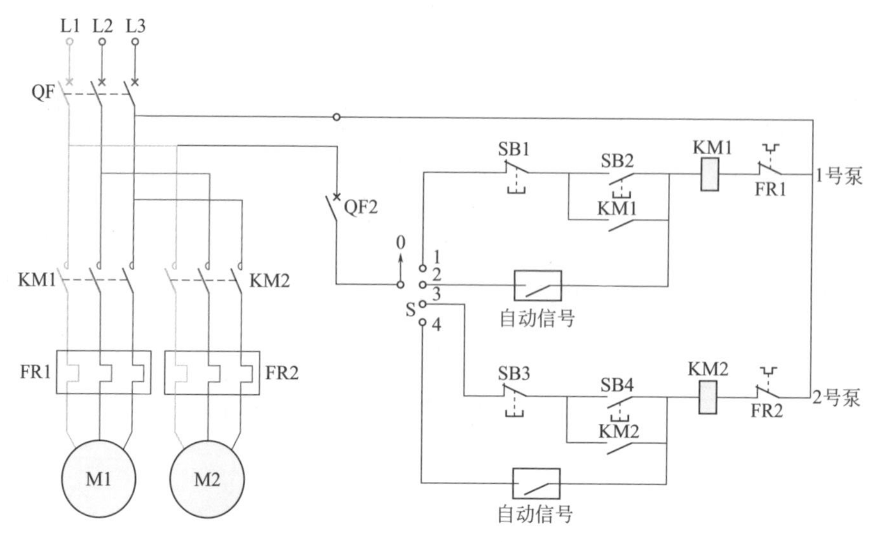

两台水泵一用一备电路

图7-1 两台水泵一用一备控制电路

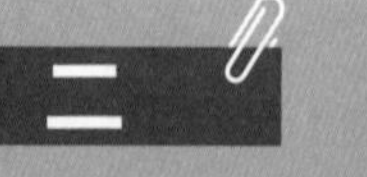

二 电开水炉加热自动控制电路（图7-2和图7-3）

自动电热开水箱由水箱、水路通道以及电加热控制电路组成。

水箱、水通道：升水箱进水。水位上升浮子使进水阀关闭。浮子开关 S2 动作。电热管加热，水开后沸水被蒸汽压入储水箱。煮沸储水箱水满时，浮子 S1 动作，恒温电热管工作。保持开水提供饮用。当升水箱水位下降时，浮球下降，进水阀接通加水，如此循环，保证开水的正常供应。

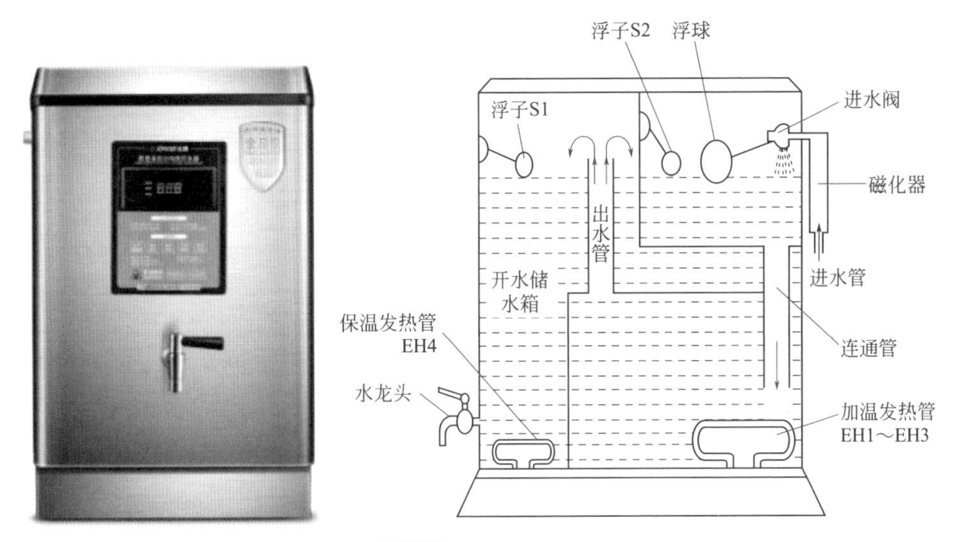

图7-2　结构示意图

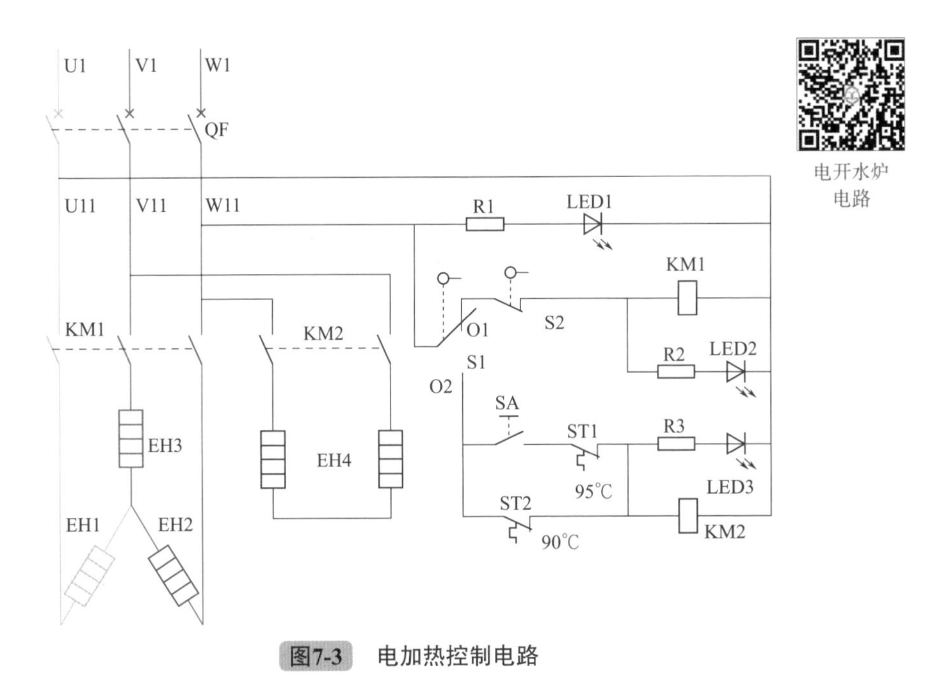

图7-3　电加热控制电路

电加热器控制电路：接通 QF，主电路得电。LED1 灯点亮，指示电路接通电源。当升水箱水位达到设定水位时，水位控制开关 S2 闭合。交流接触器 KM1 线圈得电动作。主触点闭合，加热管 EH1 ～ EH3 得电加热，开水进入储水箱。若开水储量不足，则保温电热管 EH4 不工作，若开水储量达到设定值，S1 动作，触点与 O2 接通。交流接触器 KM1 的线圈断电复位，主触点断开 EH1 ～ EH3 加热管电源，停止加热。

此时，交流接触器 KM2 的线圈得电动作，KM2 的触点闭合。EH4 得电投入保温。在保温过程中，开水的温度受温控开关 ST1 与 ST2 控制。温度低于 ST1 与 ST2 的设定温度时，温控开关自动通电加热；温度高于设定值时，温控开关 ST1 与 ST2 则自动断电，停止加热。

当水箱缺水时，水位开关 S2 自动断开电源，确保加热器在无水或水量不足的情况下立即切断电源。当开水储量不足时，水位开关 S1 也自动断开，保温加热管也不参与加热。SA 为再沸腾按钮开关。

三 电烤箱与高温箱类控制电路（图7-4）

电路中，PT 为定时器，ST 为温控调节器，R 为降压电阻器；HL 为指示灯；EH1 ～ EH4 为电热管；FU 为过热熔断器。S1、S2 为火力选择开关。

接通电源，旋转定时器，调节钮 ST，调节火力选择开关，可控制箱内加热温度，当锅体达到加热温度时，温控器 ST 动作，自动接通电源，然后，重复上述过程。当达到定时时间后，定时器切断电源，停止加热。

电烤箱控制电路

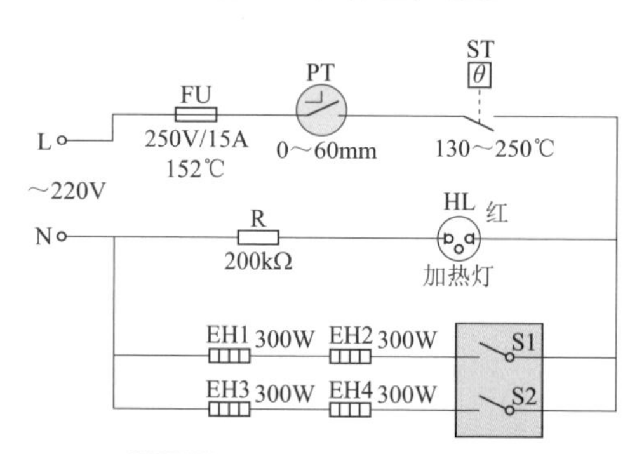

图7-4 定时调温电烤箱电路

为防止电烤箱出现异常发热或其他故障，电路中串有过热熔断器。一旦发热不正常或发生故障，过热熔断器就自动烧断，自动切断电源，起到安全保护作用。

四 REX-C100 智能温度控制器电路（图7-5 ～图7-8）

智能温度控制器属于电子式温度控制器的一种，通过热电偶、铂电阻等温度传感器，把温度信号变换成电信号，通过单片机、PLC 等电路控制继电器，使得设备加热（停止加热）工作，广泛用于烤箱、电炉、烘干机、注塑机等加热设备中。

以 REX-C100 智能温度控制器为例，采用微处理器的多功能调节仪表，以及模拟电源和 SMT 贴片工艺，因仪表精致小巧、性能可靠，以及具有特有的自诊断功能、自整定功能和智能控制功能等优点，使操作者可通过简单的操作而获得良好的控温效果。

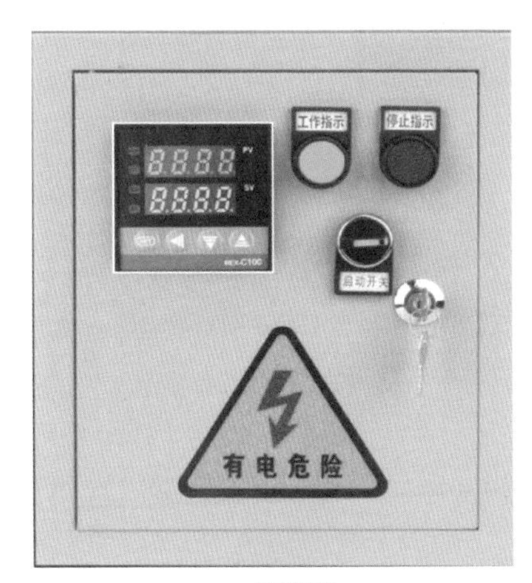

图7-5　REX-C100智能温度控制器内部结构

REX-C100 智能温度控制器可以由热电偶、热电阻、模拟量等多种信号自由输入，量程自由设置；模糊理论结合传统 PID 方法，控制快速平稳，并具有先进的整定方案；输出可选：断电器触点、逻辑电平、晶闸管、单相或三相过零、移相触发脉冲、模拟量。其还可以附两路可定义的报警点输出。

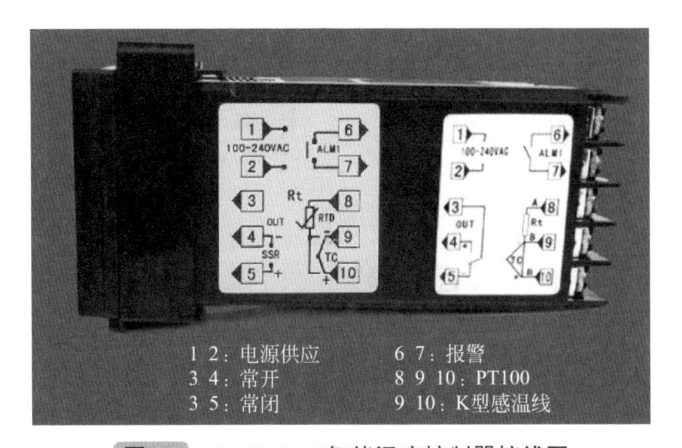

图7-6　REX-C100智能温度控制器接线图

温控仪控制电路

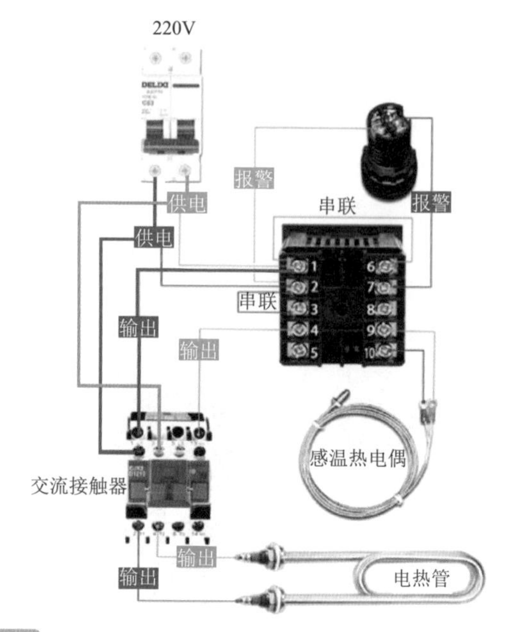

图7-7　REX-C100智能温度控制器继电器输出接线方式

REX-C100继电器输出接线方式：1-2点接入220V电压，2-3点串联两个点接通，1-4点输出220V，接需要控制的负载设备，如需要控制的负载设备没超过500W可直接接，不需要接触器。如加了接触器1-4点接接触器A1-A2点，接触器L1-L2点需要另外接入220V电压，接触器T1-T2点接需要控制的负载设备。2-7点输出220V接报警，可接蜂鸣器或者报警灯等，如需接报警点，需将1-6点串联接通。9-10点接感温线，感温线红色端子接10点，蓝色端子接9点

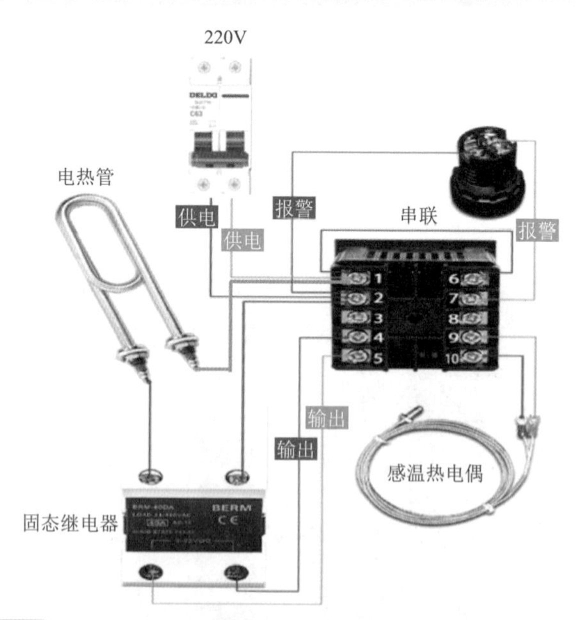

图7-8　REX-C100智能温度控制器固态继电器输出接线方式

REX-C100固态继电器输出接线方式：1-2点接入220V电压，4-5点输出12V，接需要控制的负载设备，如需要控制的负载设备没超过500W可直接接，不需要固态继电器。如加了固态继电器，注意正负极不能接反，温控器4-5点接上固态继电器对应的正负极点上，温控器4点为正，5点为负。2-7点输出220V接报警，可接蜂鸣器或者报警灯等，如需接报警点，需将1-6点串联接通。9-10点接感温线，感温线红色端子接10点，蓝色端子接9点

五　压力自动控制（气泵）电路

1.电路原理图与工作原理（图7-9）

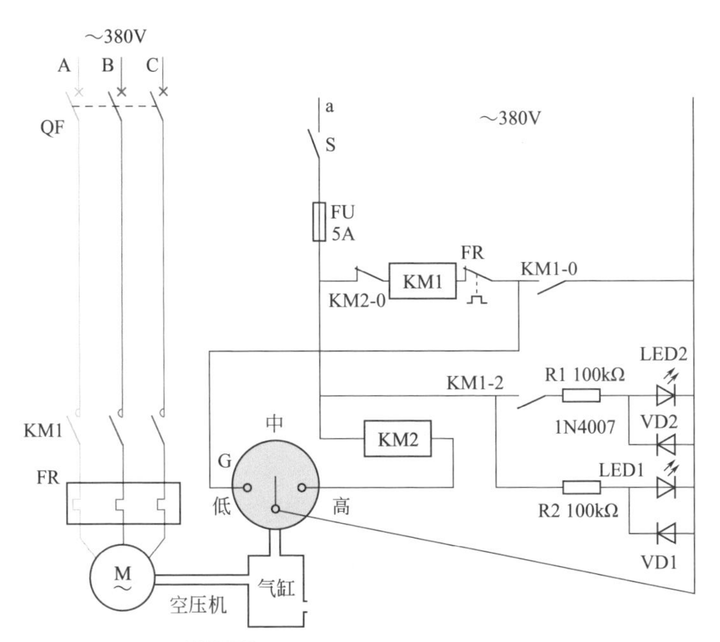

压力控制气泵电路

图7-9　压力自动控制电路原理图

电路工作原理：闭合自动开关 QF 及开关 S 接通，电源给控制器供电。当气缸内空气压力下降到电接点压力表“G”（低点）整定值以下时，表的指针使“中”点与“低”点接通，交流接触器 KM1 通电吸合并自锁，气泵 M 启动运转，红色指示灯 LED1 亮，绿色指示灯 LED2 点亮，气泵开始往气缸里输送空气（逆止阀门打开，空气流入气缸内）。气缸内的空气压力也逐渐增大，使表的“中”点与“高”点接通，继电器 KM2 通电吸合，其常闭触点 KM2-0 断开，切断交流接触器 KM1 线圈供电，KM1 即失电释放，气泵 M 停止运转，LED2 熄灭，逆止阀门闭上。假设喷漆时，手拿喷枪端，则压力开关打开，关闭后气门开关自动闭上；当气泵气缸内的压力下降到整定值以下时，气泵 M 又启动运转。如此周而复始，使气泵气缸内的压力稳定在整定值范围，满足喷漆用气的 0 需要。

2.气泵和空压机实物接线

① 使用气泵磁力启动器气泵接线（图 7-10）。

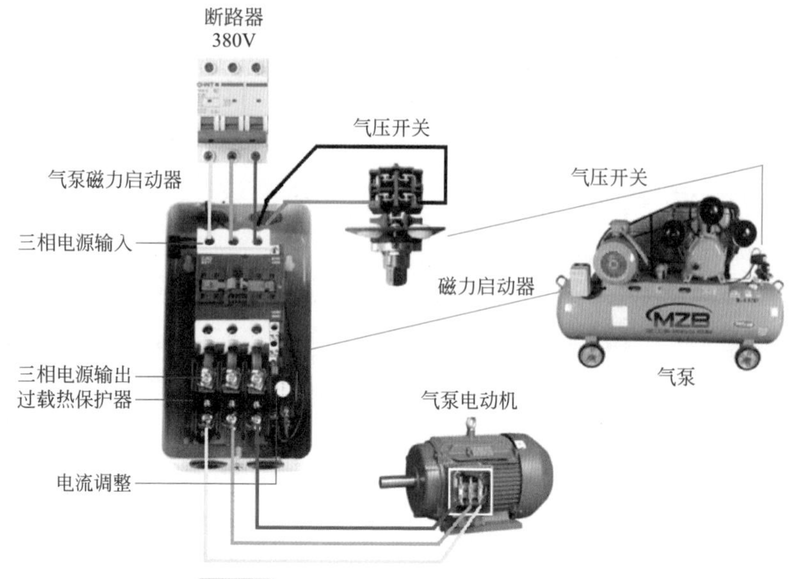

图7-10 使用气泵磁力启动器气泵接线

② 使用空压机配电箱大型空压机接线（图 7-11）。

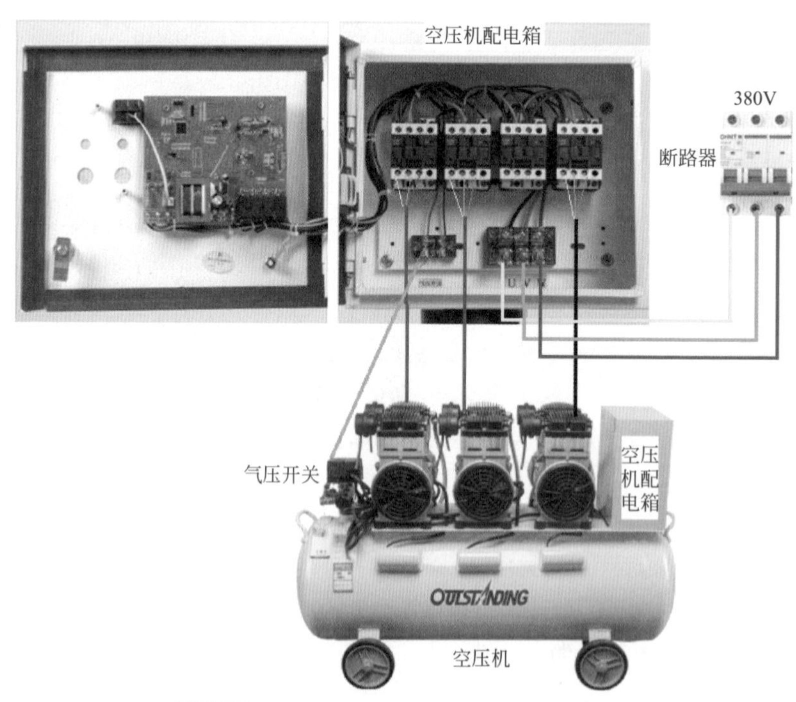

图7-11 使用空压机配电箱大型空压机接线

3. 电路调试与检修

组装完成后，首先检查连接线是否正确，当确认连接线无误后，闭合总开关 QF 及 S，泵应能启动，若不能启动，先检查供电是否正常，熔断器是否正常，如都正常则应检查 KM1 线圈回路所串联的各接点开关是否正常，不正常应查找原因，若有损坏应更换。

闭合总开关 QF 及 S，泵可能启动，但压力达到后不能自停，应主要检查电接点压力开关及 KM2 电路元件，不正常应查找原因，若有损坏应更换。

六　高层补水全自动控制水池水位抽水电路（图7-12和图7-13）

晶体管全自动控制水池水位抽水电路可广泛应用于楼房高层供水系统。当水箱位高于 c 点时，三极管 VT2 基极接高电位，VT1、VT2 导通，继电器 KA1 得电动作，使继电器 KA2 也吸合，因此交流接触器 KM1 吸合，电动机运行，带动水泵抽水。此时，水位虽下降至 c 点以下，但由于继电器 KA1 触点闭合，故仍能使 VT1、VT2 导通，水泵继续抽水。只有当水位下降到 b 点以下时，VT1、VT2 才截止，继电器 KA1 失电释放，使水箱无水时停止向外抽水。当水箱水位上升到 c 点时，再重复上述过程。

高层补水晶体管水位控制电路

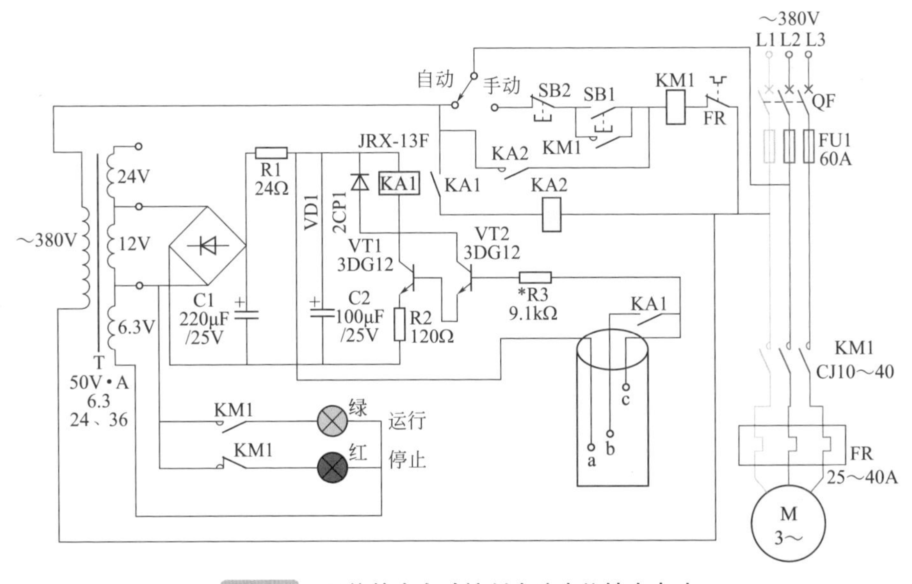

图7-12　晶体管全自动控制水池水位抽水电路

变压器可选用 50V•A 行灯变压器，为保护继电器 KA1 触点不被烧坏，加了一个中间继电器。在使用中，如维修自动水位控制线路可把开关拨到手动位置，这样可暂时用手动操作启停电动机。

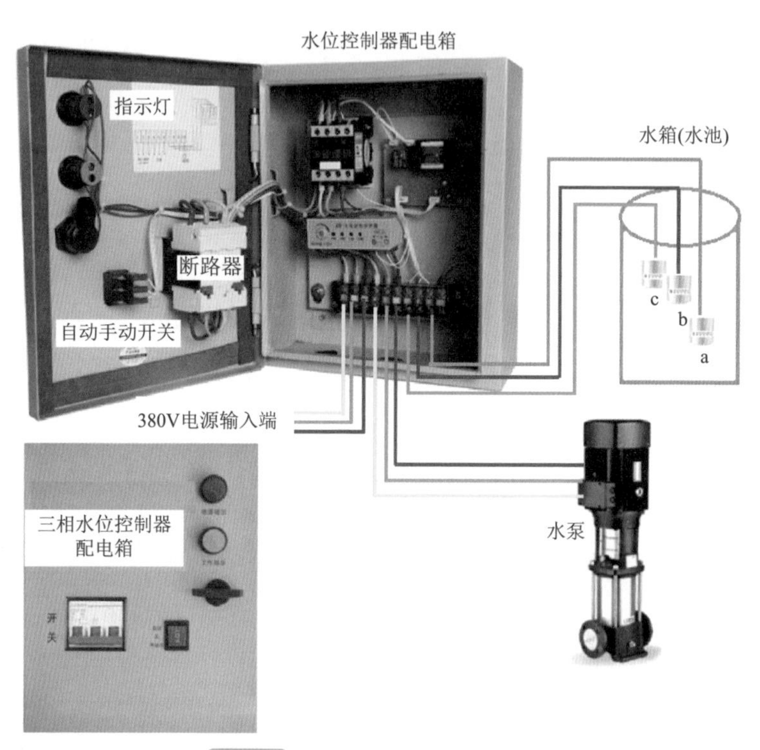

图7-13 水池水位抽水电路接线

七 电接点无塔压力供水自动控制电路（图7-14）

将手动、自动转换开关拨到自动位置，在水罐里面压力处于下限或零值时，电接点压力表动触点接通接触器 KM 线圈，接触器主触点动作并自锁，电动机水泵运转，向水罐注水，与此同时，串接在电接点压力表和中间继电器之间的接触器动合辅助触点闭合。当水罐内压力达到设定上限值时，电接点压力表动触点接通中间继电器 KA 线圈，KA 吸合，其动断触点断开接触器 KM 线圈回路，使电动机停转，停止注水。手动控制同上。

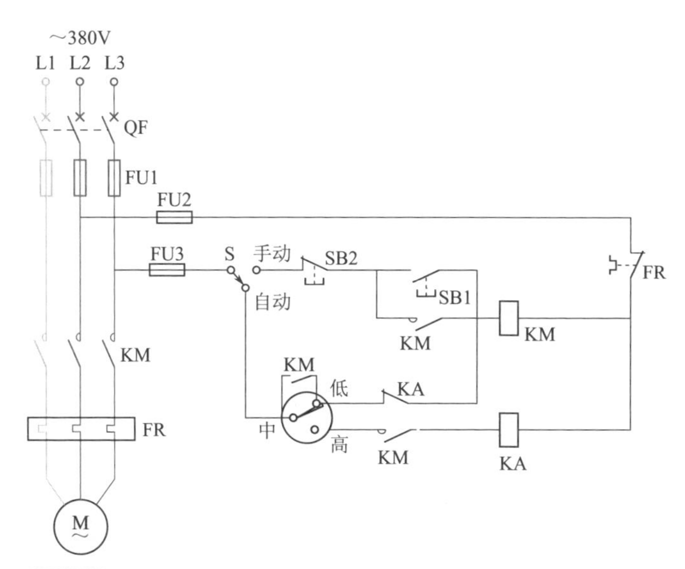

图7-14　用一只中间继电器的电接点压力表无塔供水控制线路

八　浮球液位开关供水系统（图7-15～图7-21）

用浮球开关控制交流接触器线圈，由交流接触器控制潜水泵工作即可。

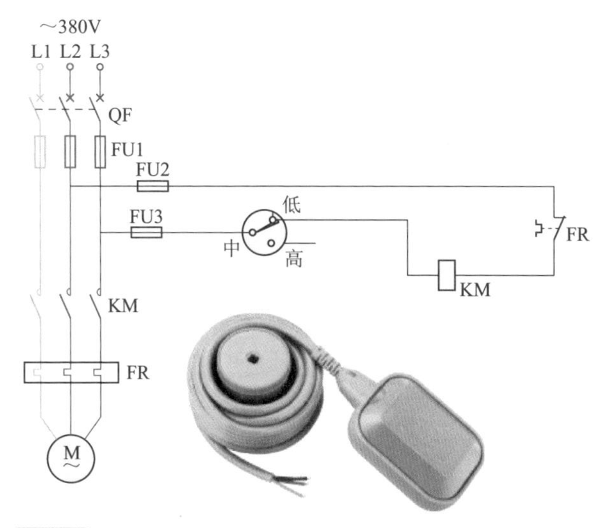

图7-15　用浮球开关控制交流接触器供水系统电路原理图

浮球开关接线接到水位低时浮球下降后接通的触点，控制电压由选取的交流接触器线圈工作电压决定接220V或380V。这样当水位低浮球下降一定高度后触点接通交流接触器启动水泵工作，水位升高后浮球触点断开交流接触器自动停止抽水。

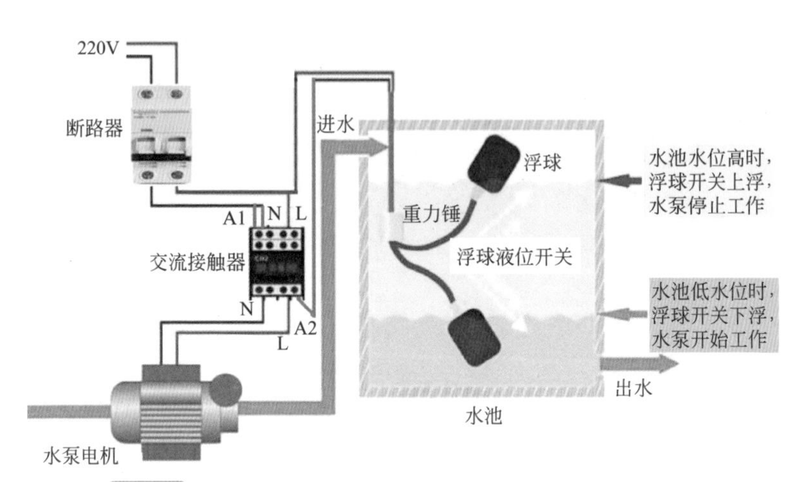

图7-16　采用220V供电浮球液位开关供水系统原理示意图

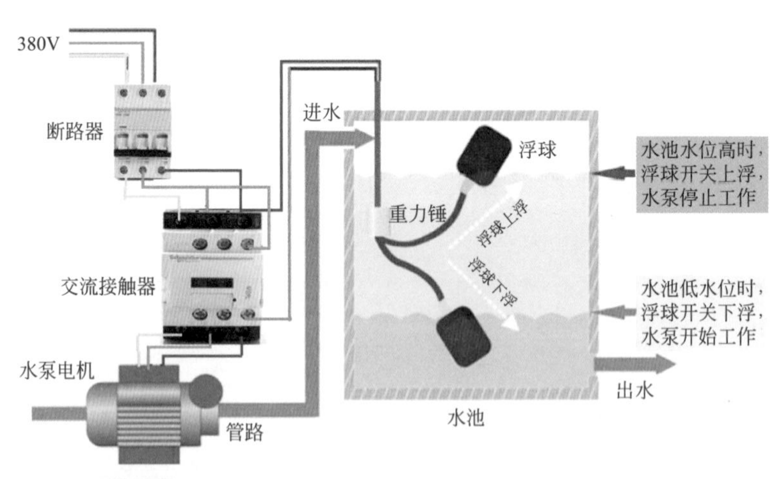

图7-17　采用380V供电浮球液位开关供水系统原理示意图

注意 使用浮球触点，当浮球在下水位时，接点是接通的状态；浮球在上水位时，接点是断开的状态。

重锤使用方法如图 7-18 所示。

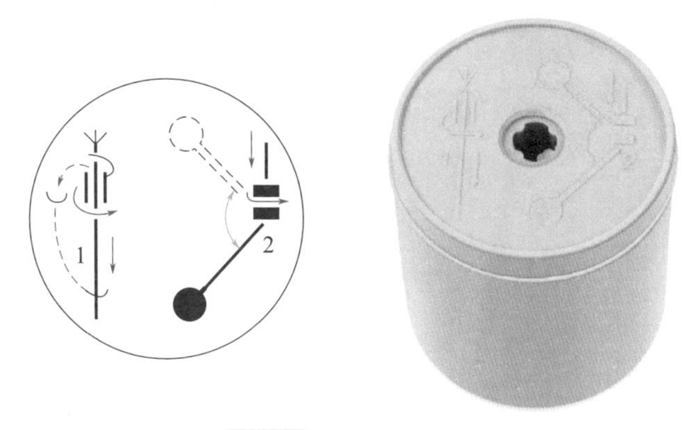

图7-18　重锤使用方法

将浮球开关的电线从重锤的中心下凹圆孔处穿入后，轻轻推动重锤，使嵌在圆孔上方的塑胶环因电线头的推力而脱落（如果有必要的话，也可用螺丝刀把此塑胶环拆下），再将这个脱落的塑胶环套在电缆上在固定重锤以设定水位之置。

轻轻地推动重锤拉出电缆，直到重锤中心扣住塑胶环。重锤只要轻扣在塑胶环中即不会滑落。

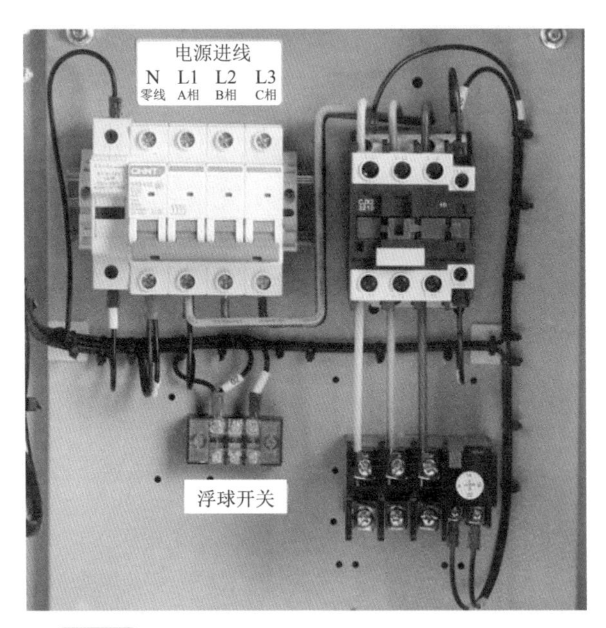

图7-19　浮球液位开关供水系统配电箱实物接线

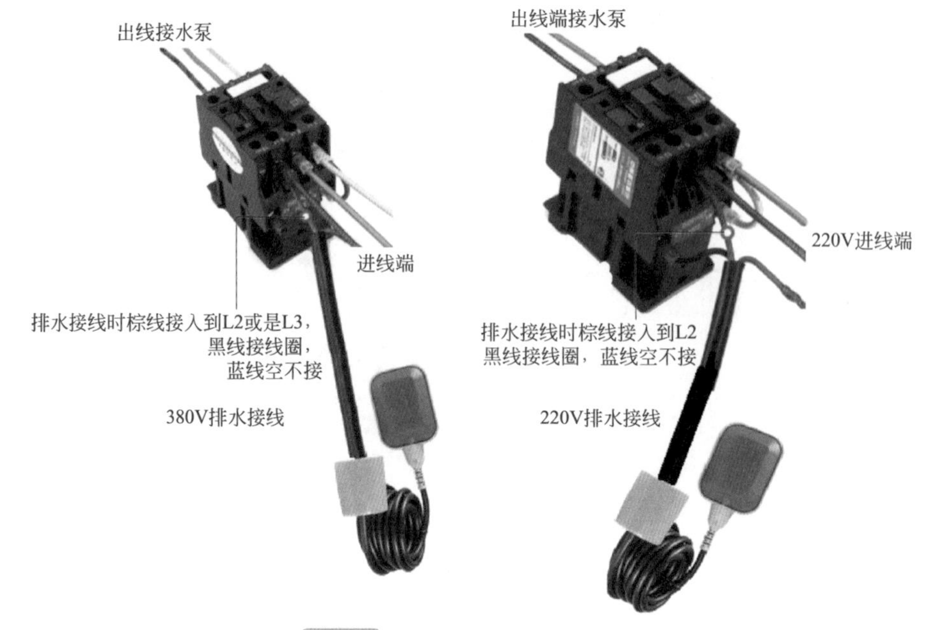

图7-20 浮球液位开关排水接线

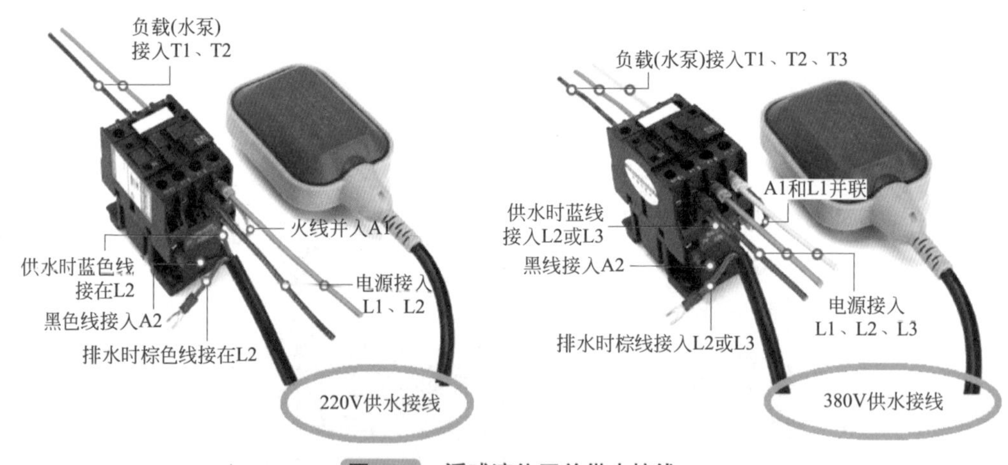

图7-21 浮球液位开关供水接线

九 双路三相电源自投控制电路（图7-22）

双路三相电源自投控制电路用电时可同时合上开关QF1和QF2，KM1常闭触点断开了KT时间继电器的电源，向负载供电。当甲电源因故停电时，KM1交流接触器释放，这时KM1常闭触点闭合，接通时间继电器KT线圈上的电源，时间继电器经延时数秒钟后，使 KT 延时常开触点闭合，KM2 得电吸合，并自锁。由于 KM2 的吸合，其常闭触点一方面断开延时继电器线电源，另一方面又断开 KM1 线圈的电源回路，使甲电源停止供电，保证乙电源进行正常供电。乙电源工作一段时间停电后，KM2 常闭触点会自动接通线圈 KM1 的电源换为甲电源供电。交流接触器应根据负载大小选定；时间继电器可用 0 ～ 60s 的交流时间继电器。

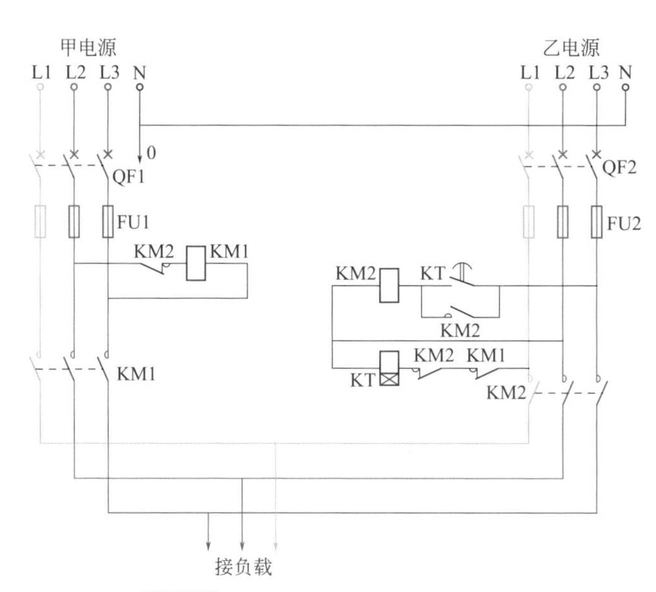

双路三相电源自投备用电路

图7-22　双路三相电源自投控制电路

当电路不能够备用转换时，主要检查接触器和 KT 时间继电器是否有毁坏的现象，如毁坏，应更换 KM2、KM1、KT。

十　木工电刨控制电路（图7-23和图7-24）

市场上购买的三相倒顺开关，一般用于三相电动机正反转控制。电刨上单相电动机正反向控制时，应作如下改动：打开外罩，卸掉胶木盖板，露出 9 个接线端子，该端子分别用 1 ～ 9 表示。接线端子之间原有三根连接线，我们把交叉连接的一根（2、7 之间）拆掉，另两根保留，再按照图示在端子 2 和 3 之间、6 和 7 之间各连接一根导线。至此，倒顺开关内部连接完毕。再把电动机工作线圈的两个端头 T1、T3 分别接到端子 4、5 上，启动回路的两个端头 T2、T4 接到端子 1、7 上，最后在倒顺开关的 1、2 端子上接入 220V 交流电源（1 端子接零线，2 端子接火线），电刨便能够很方便地进行倒转、正转和停车操作了。

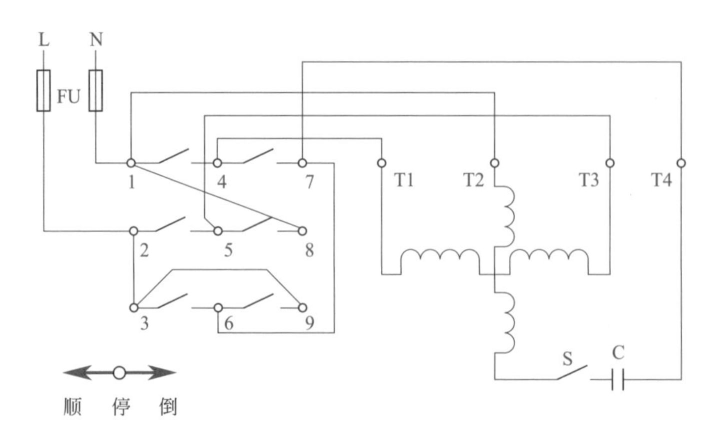

图7-23 电刨电路原理图

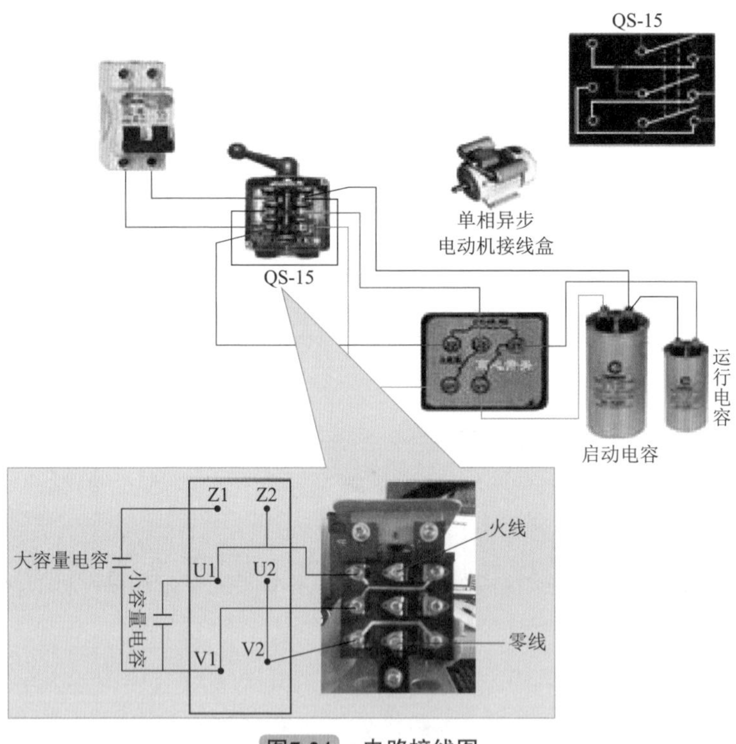

图7-24 电路接线图

十一 单相电葫芦电路

图 7-25 为电容启动式电葫芦接线图，用于小功率电动葫芦电路，启动电容约 150 ～ 200μF/kW。

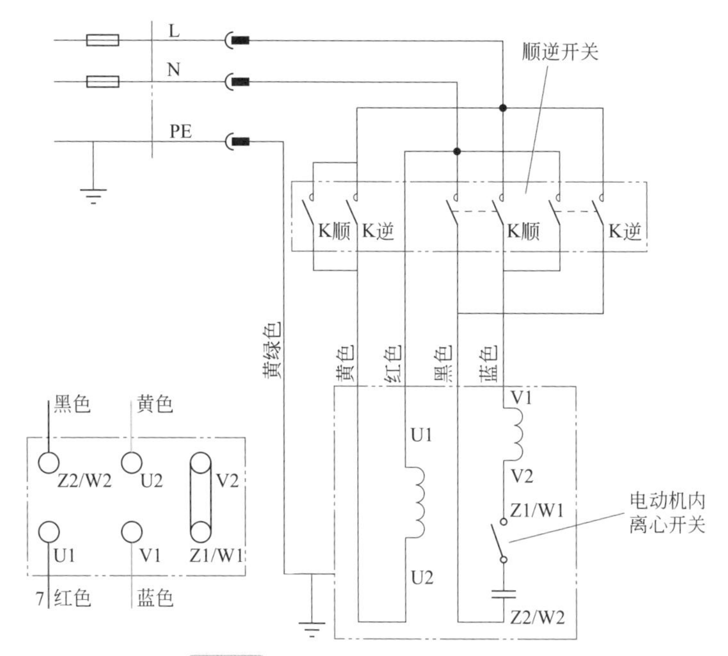

图7-25　电容启动式电葫芦接线图

设正转为上升过程，则按动K顺，电源通路为L—K顺—U2—U1—N主绕组通电；此时辅助绕组电源由L—K顺—V1—V2—Z1—电容—Z2—N形成通路。设反转为下降过程，则按动K逆，电源通路为：L—K逆—U2—U1—N主绕组通电；此时辅助绕组电源由L—K逆—Z2—电容—Z1—V2—V1—N形成通路。图7-26为电容运行式吊机控制电路接线图，基本工作原理与上述相同，电动机内部只是无离心开关控制，电容容量小一些，约30～40μF/kW。

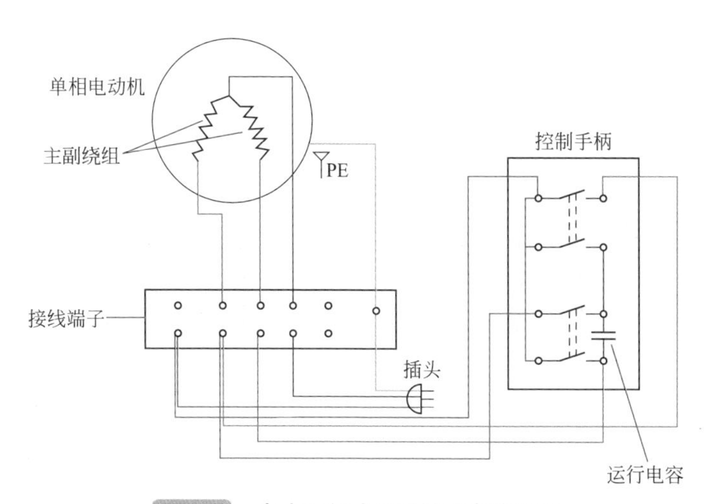

图7-26　电容运行式吊机控制电路接线

图 7-27 为双电容启动运行式，电路接线就是上面两个电路的组合。

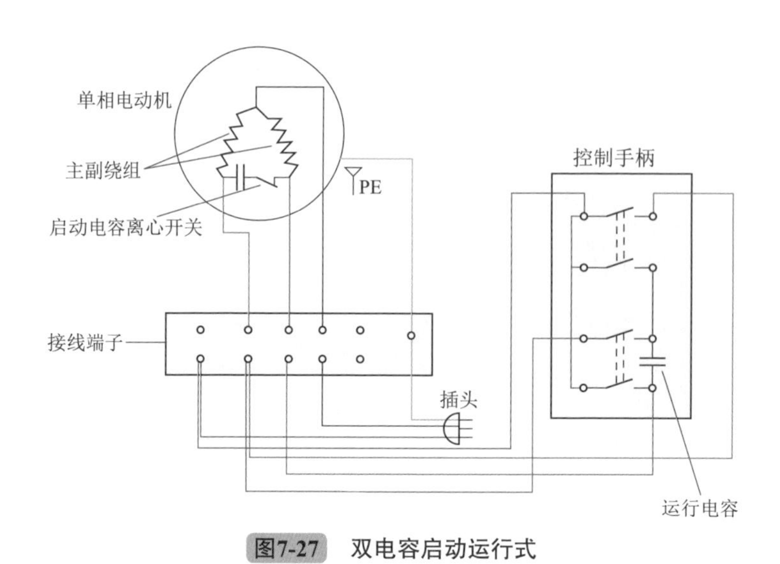

图7-27 双电容启动运行式

图 7-28 为大功率单相电动葫芦电路接线图。

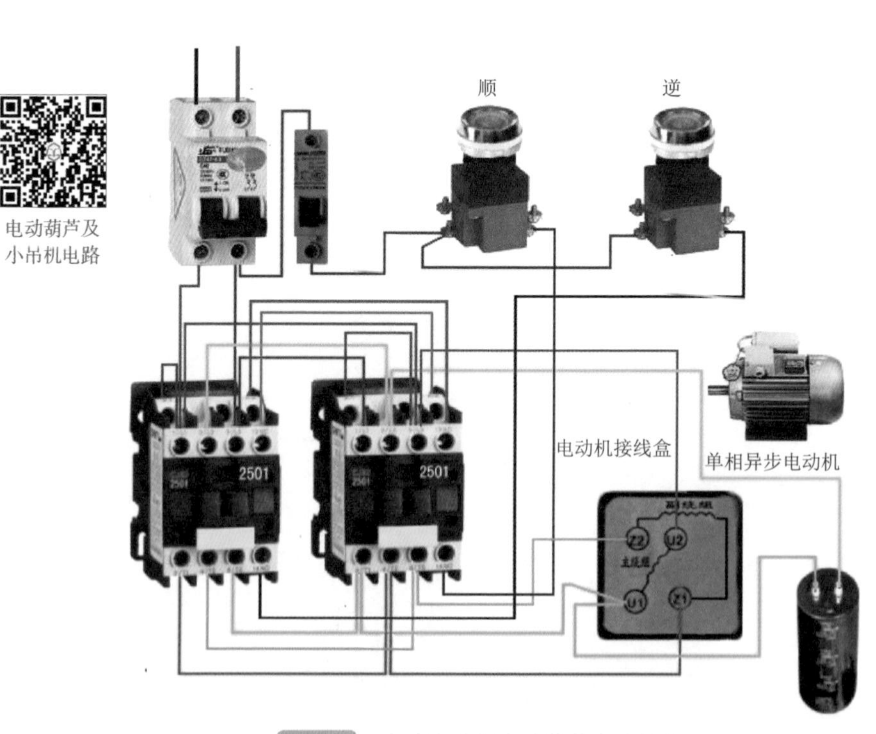

图7-28 大功率单相电动葫芦电路接线图

十二　三相电葫芦电路（图7-29～图7-32）

电动葫芦是一种起重量较小、结构简单的起重设备，它由提升机构和移动机构（行车）两部分组成，由两台笼型电动机拖动。图 7-29 中 M1 是用来提升货物的，采用电磁抱闸制动，由接触器 KM1、KM2 进行正反转控制，实现吊钩的升降；M2 是带动电动葫芦作水平移动的，由接触器 KM3、KM4 进行正反转控制，实现左右水平移动。控制电路有 4 条，两条为升降控制，两条为移动控制。控制按钮 SB1、SB2、SB3、SB4 是悬挂式复合按钮，SA1、SA2、SA3 是限位开关，用于提升和移动的终端保护。电路的工作原理与电动机正反转限位控制电路基本相同。

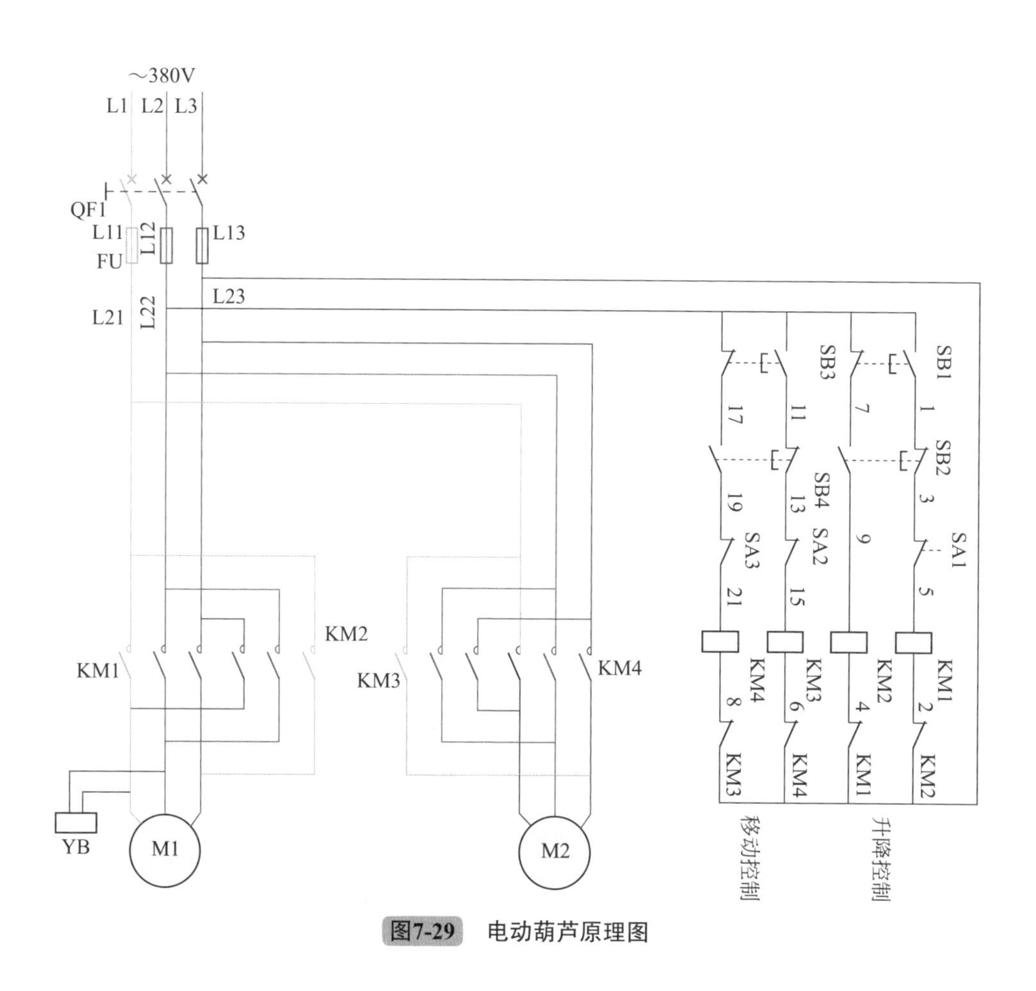

图7-29　电动葫芦原理图

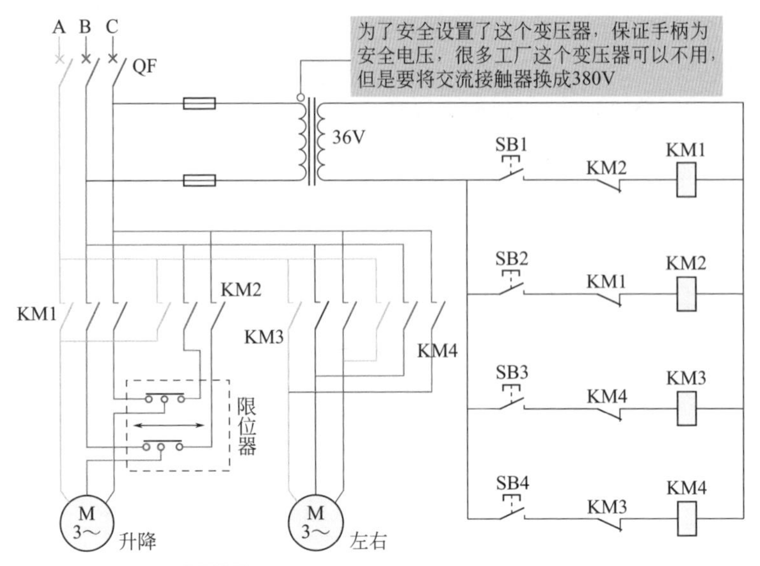

图7-30 带安全变压器的电动葫芦电路

只有上下运动的为两个交流接触器，带左右运动的为四个交流接触器，电路相同。一般，起重电动机功率大，交流接触器容量也大。

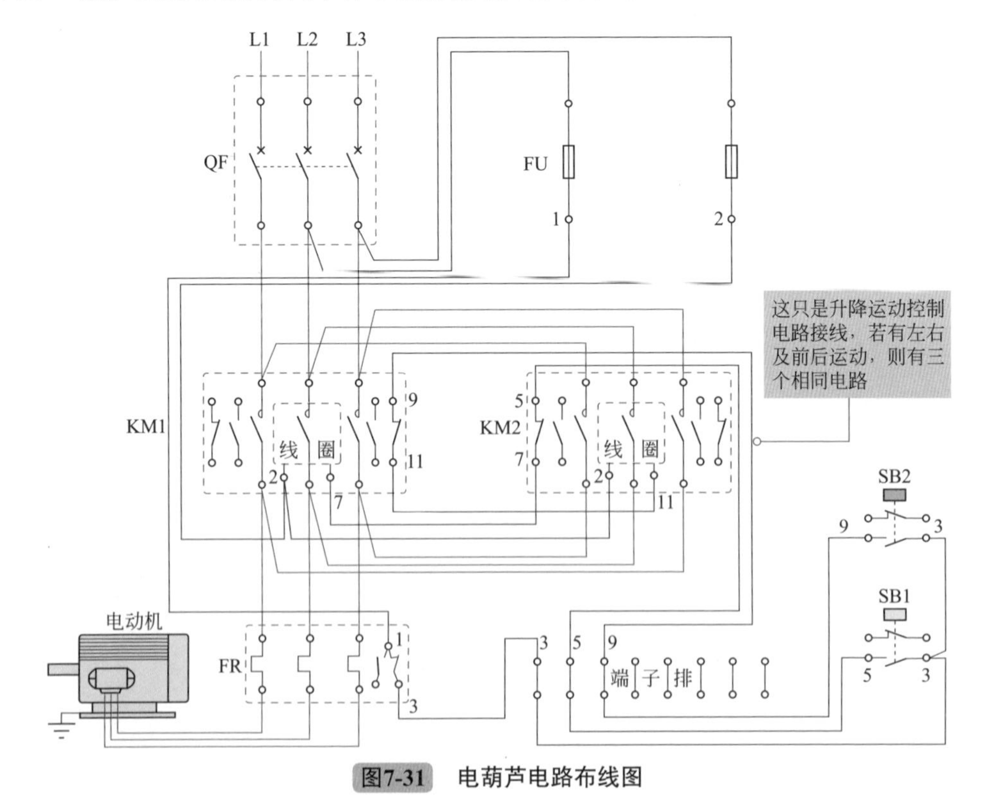

图7-31 电葫芦电路布线图

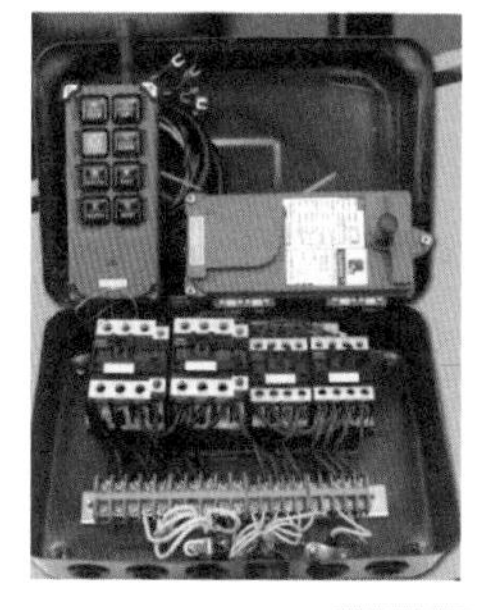
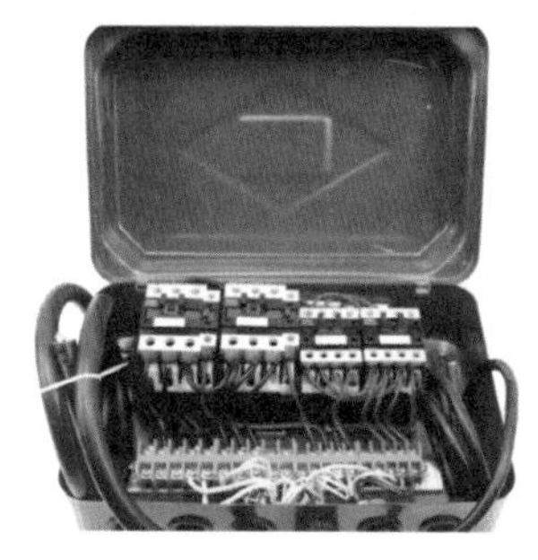

图7-32　控制器实物图

十三　脚踏开关控制电路（图7-33和图7-34）

电路由电源变压器 T、交流接触器 KM、热继电器 FR、脚踏开关 SF 等组成。脚踏开关安装在砂轮机旁边的地面上，磨工件时，右脚踏上脚踏开关，接触器线圈得电吸合，砂轮机运行，工作完毕右脚离开脚踏开关，接触器线圈失电，砂轮机停止运行。热继电器 FR 作过载保护。

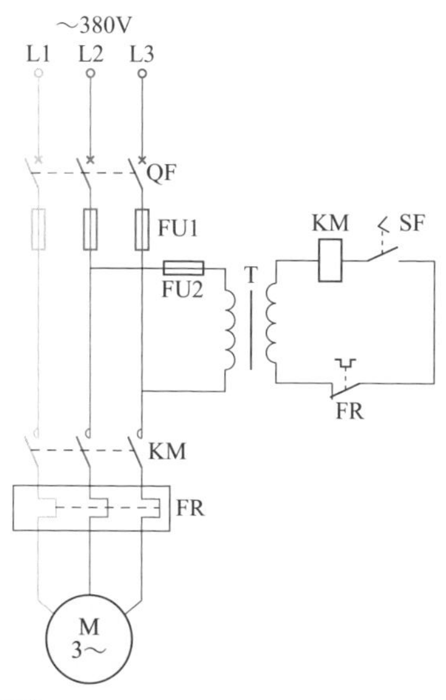

图7-33　脚踏开关对砂轮机进行控制的电路

脚踏开关控制电路

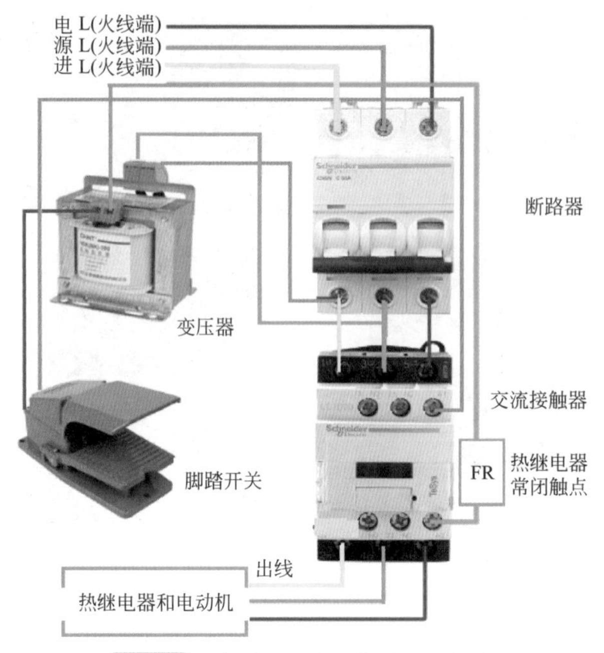

图7-34 脚踏开关控制电路实物接线

附录

配电箱安装注意事项

在组装配电盘时，根据原理图和设计需要，选择合适电气布线后，需要选择一款合适的配电箱，当配电箱达不到要求时还需要自己改造，如安装部分压板，在需要安装器件的位置开孔等。整体配电箱如附图 1 所示。

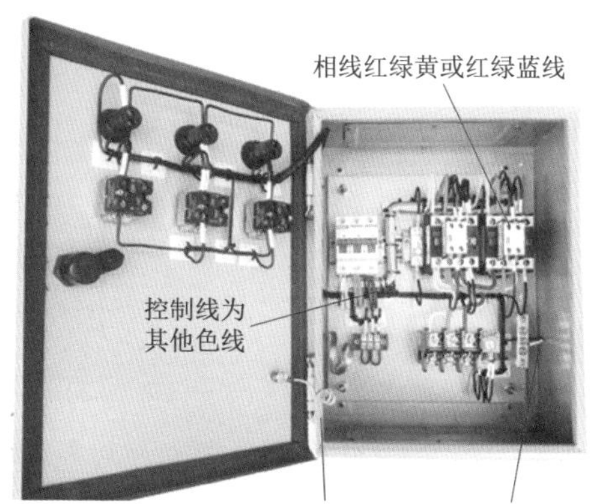

附图1　安装好后的整体配电箱实物图

在安装配电箱时，简单的配电箱可以使用硬导线直接安装，线要用不同的颜色分开，零线为黑色，地线为黄绿色，相线为红绿蓝或红黄蓝。线材长短要合适，不能过长或过短，配线时一般要求横平竖直，进线与出线分开安装，配线后要用扎带或卡子将线固定，如附图 2 所示，后配线要在穿线孔处安装绝缘层（一般使用绝缘胶圈），如附图 3 所示，在后配线的背板后面也应对导线整形固定，必要时使用走线槽或走线管。

对于配电箱中软硬线都有的，则需要使用线槽走线，门与板之间的连接线应用螺旋管缠绕固定，当电路复杂、引线多时，为防止接线错误和便于检修，应在端子上套标号线管，所有端子都要安装标记号，如附图 4 所示。

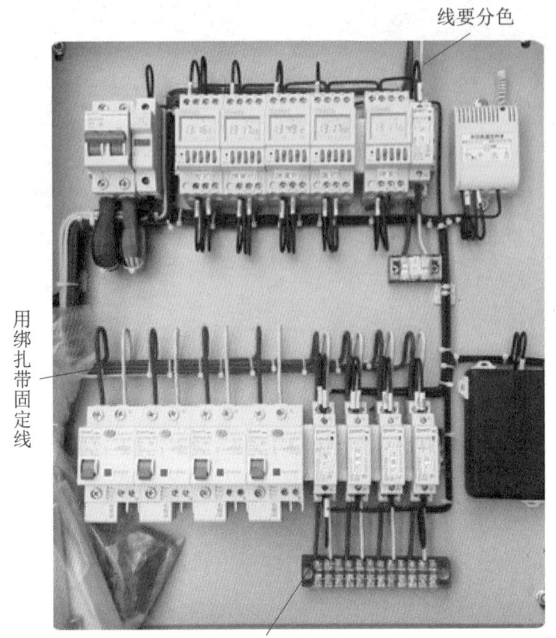

附图2　用卡子或绑扎带整形固定线

附图3　后配线形式的配电箱

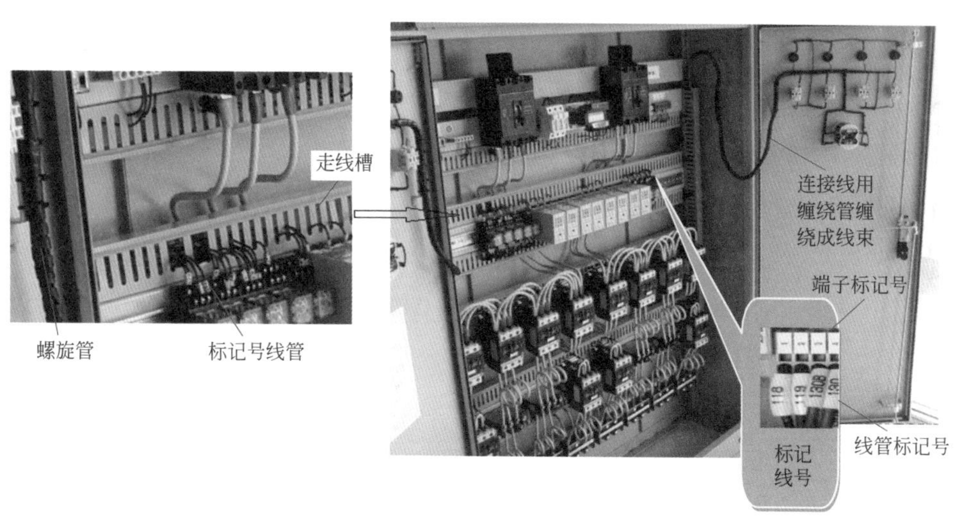

附图4 使用线槽的配电箱

参考文献

[1] 金代中. 图解维修电工操作技能. 北京：中国标准出版社，2002.
[2] 郑凤翼，杨洪升，等. 怎样看电气控制电路图. 北京：人民邮电出版社，2003.
[3] 刘光源. 实用维修电工手册. 上海：上海科学技术出版社，2004.
[4] 王兰君，张景皓. 看图学电工技能. 北京：人民邮电出版社，2004.
[5] 徐第，等. 安装电工基本技术. 北京：金盾出版社，2001.
[6] 蒋新华. 维修电工. 沈阳：辽宁科学技术出版社，2000.
[7] 曹振华. 实用电工技术基础教程. 北京：国防工业出版社，2008.
[8] 曹祥. 工业维修电工. 北京：中国电力出版社，2008.
[9] 孙华山，等. 电工作业. 北京：中国三峡出版社，2005.
[10] 曹祥. 智能建筑弱电工. 北京：中国电力出版社，2008.